印象手绘

景观设计手绘教程

代光钢 李诚 编著

（第3版）

人民邮电出版社

北京

图书在版编目（CIP）数据

景观设计手绘教程 / 代光钢，李诚编著. -- 3版
. -- 北京 : 人民邮电出版社，2018.1
（印象手绘）
ISBN 978-7-115-47042-3

Ⅰ. ①景… Ⅱ. ①代… ②李… Ⅲ. ①景观设计—绘
画技法—教材 Ⅳ. ①TU986.2

中国版本图书馆CIP数据核字(2017)第307299号

内 容 提 要

  这是一本全面讲解景观设计手绘的综合教程。本书注重知识的系统性和实用性，涵盖了景观设计手绘方方面面的知识。全书分为8章，从手绘的心态和手绘的工具开始讲解，慢慢过渡到手绘的线条表现知识，然后对手绘的构图与透视知识进行了全面的分析，接着对色彩知识和景观手绘的上色方法做了全面的讲解，再讲到景观手绘中各种材质和配景的表现方法，最后是景观设计手绘综合案例的绘制和景观手绘彩平图的表现方法。全书知识结构清晰，讲解循序渐进，案例丰富，每个步骤都有相关的细节分析，是学习景观设计手绘的有效资料。

  本书附赠教学资源，是精心为读者准备的视频教学资料，读者可通过扫描二维码在线观看和本地下载播放两种方式学习。它能将景观手绘知识更清晰、更直观、更具体地展现给每一位读者，将会为您的景观手绘学习之路扫清障碍。

  本书适合景观设计、建筑设计和室内设计专业的学生，以及所有对手绘感兴趣的读者阅读，同时也可以作为手绘培训机构的教学用书。

♦ 编　　著　代光钢　李　诚
  责任编辑　张丹阳
  责任印制　陈　犇

♦ 人民邮电出版社出版发行　　北京市丰台区成寿寺路 11 号
  邮编　100164　　电子邮件　315@ptpress.com.cn
  网址　http://www.ptpress.com.cn
  北京捷迅佳彩印刷有限公司印刷

♦ 开本：787×1092　1/16
  印张：13　　　　　　　　　　　　2018 年 1 月第 3 版
  字数：404 千字　　　　　　　　　2018 年 1 月北京第 1 次印刷

定价：79.00 元

读者服务热线：(010)81055410　印装质量热线：(010)81055316
反盗版热线：(010)81055315
广告经营许可证：京东工商广登字 20170147 号

（第2版）前言

　　编写本书的目的是给广大的景观设计手绘学习者提供上佳的手绘学习方案，让大家可以对手绘学习快速入门并提高手绘表现技术，以便更好地为景观设计工作服务。本书自第1版上市销售以来，得到了广大读者的认可，这让我备感欣慰，但同时也有一些读者反映书中的内容或者案例存在一些问题，让我感到了压力与责任。为了满足不同读者的需求，也为了让本书的知识更加完善，同时更好地实现编写本书的初衷，我们将本书进行了全面的修订与完善。

　　本次内容修订以"是什么，为什么，应该怎么做"为原则进行，以便读者对每一个知识点"知其然，还要知其所以然"。修订后的图书内容更加完善，知识结构更加系统，学习思路更加清晰，整体内容更加利于读者学习。如第1版中的景观手绘前期准备和线条表现知识是同一章中的内容，修订以后专门将线条表现知识单独作为一章内容，且对于线条知识的讲解也更加完善；第1版中的上色知识主要以案例表现为主，经过此次的修订，上色知识增加了大量的理论讲解和色彩分析，对每一张图的配色与笔触的掌握，都为读者提供了参考；第1版中的景观配景表现中的案例太难，修订以后的案例更加适合读者学习，也更好地起到了整体知识学习的过渡与承接的作用；新增加的综合案例表现更是对前面所学知识的总结与提升，让读者既可以对前面的知识进行回顾，又可以对大型案例进行整体把控。总之，本次内容修订一定会带给读者耳目一新的感觉，让大家更加方便地学习景观设计手绘知识。

　　本书附带下载资源，扫描"资源下载"二维码，即可获得下载方法，下载精心为读者准备的视频教学资料。资源下载过程中如有疑问，可通过在线客服或客服电话与我们联系，我们将以最快的速度协助读者解决相关问题。在学习的过程中，如果读者遇到任何问题，可以加入"印象手绘（12225816）"读者交流群，在这里将为大家提供本书"高清大图""疑难解答"和"学习资讯"，同时分享更多与手绘相关的学习方法和经验。我们衷心地希望能够为广大读者提供力所能及的学习服务，尽可能地帮大家解决一些实际问题，如果大家在学习过程中需要我们的支持，请通过以下方式与我们联系。

资源下载

　　客服邮箱：press@iread360.com
　　客服电话：028-69182687、028-69182657

代光钢于长沙

2016年1月

前言（第1版）

　　景观设计是20世纪50年代以来，从欧美景观建筑学中演化出来的一个综合性应用科学领域。它一直是景观建筑学的一个主要分支。由于其对自然特性和过程的综合性要求，它也是地理学的一个重要研究和应用领域，并且随着景观生态学向应用领域发展，景观规划也逐渐成为其主要应用方向，并已形成景观生态规划方法体系。景观手绘又是景观设计学习者和设计师必备的一门技术与艺术相结合的技能，也是设计师在前期方案构思和设计中不可避免需要学习的一门功课。景观手绘也是一种独立的绘画表现形式，它的重要性不言而喻。

　　在当代高科技迅速发展的前提下，计算机技术和各种设计绘图软件的开发运用，势必将景观手绘拓展到不同的设计领域。景观手绘在当今依然屹立不倒是有它存在的价值和前提的。景观手绘与绘图之间不同的是，景观手绘能更好地将人的情感思维和审美快速地表现出来。景观手绘是一门艺术与技术相结合的功课，它不仅考验景观设计学习者和设计师的专业素养和对事物的审美力、观察力、判断力和造型能力，还需要景观设计学习者和景观设计师具备熟知植物配置、平面设计、施工工艺、较强的表现力、超前的思想、理念和意识等能力。对于景观设计学生和景观设计师来说，掌握这门技术与艺术是必不可少的专业素养。

　　设计为人服务，而手绘因设计体现其价值。从某种意义上说，设计使手绘富有深度与内涵，使它不仅停留在表面的技法上，而且是作为一种表现设计思想的手段。景观手绘是一名优秀景观设计学习者和景观设计师必备的能力之一，它具有创造力、表现力及说服力，能把一闪而过的灵感，迅速跃然纸上；它还是记录生活点滴的一种手段，成为设计的良好素材，更为重要的是景观手绘能为设计师与顾客搭建沟通的桥梁。对初学者来说，学习手绘并培养手绘表达能力与空间思维能力，是大有裨益的。然而，对空间尺度的把握能力，不是一蹴而就的，需要我们坚持不懈地努力，只要坚持下去相信一定会有所收获。

代光钢

2013年7月25日

CONTENTS 目录

第4章 色彩的基础知识与上色方法 51

第7章 景观设计综合案例表现165

第8章 景观设计平面图手绘表现189

手绘的前期准备

● 放松心态　● 基础工具　● 手绘姿势

1.1 放松心态

手绘是一种生活的记忆，是从事设计专业的人士不可或缺的技能；手绘也是享受生活、体验生活的一种方式。

手绘效果图的便捷，为设计师节省了大量的工作时间，提高了工作效率，这是计算机效果图无法替代的。手绘效果图的洒脱给我们耳目一新的视觉感受，我们应该享受手绘写生和创作时那种放松和愉悦的过程。对于手绘初学者的第一条建议就是放松心态。刚开始接触手绘肯定会出现各种各样的错误，但是万事开头难，只要我们找对了方法，坚持不懈，总有一天我们会学有所成。在学习手绘时我们要善于总结经验，多做交流学习。"三人行，必有我师焉"，放松心态，端正姿态，试着接受所有人的建议会对你的手绘有很重要的作用。

心态往往可以决定一张画是否能很好地完成。抛开画的好与坏不说，许多初学者经常会犯这样一种错误：一笔画错就着急地换纸重画，出现这种情况的原因往往是不自信和对手绘认识得不够深刻。许多初学者看到手绘高手的画作时，非常羡慕他们的画面，乱中有序，层次分明。如果仔细分析，我们可以看到即使是绘画高手也难免会出现一些线条画错的问题，但是他们往往只是在画错的地方重新画一条线而已，这一步看似简单但其实是手绘很重要的一步，它会使画面生动许多。手绘效果图大多数情况下是作为简单的效果展示，要求透视基本准确，线条流畅，光影转折到位以及颜色和谐，并不是一定要用尺规和数据来确定的。所以建议初学者认真对待每一张画，画错了就在画面上改回来，坚持完成每一张手绘才能得到更多的经验。

最后建议同学们多进行户外写生。这样做一方面可以锻炼对美的感知能力，另一方面可以调剂我们的心情，最后可以更加有效地提高我们手绘的能力。

祝愿每一个手绘新人，手绘爱好者可以通过对此书的系统学习获得你想要的手绘知识。

1.2 基础工具

1.2.1 画笔的选取和画笔的功能

不同的画笔有不同的笔触感觉和运笔感觉，选择适合自己，适合专业的画笔，是我们在创作和写生当中得心应手地表达实景和构思的前提。应该对每一种画笔的属性做到了然于胸，这样才能事半功倍，下笔有神。

扫码看视频

常见画笔的笔触图解

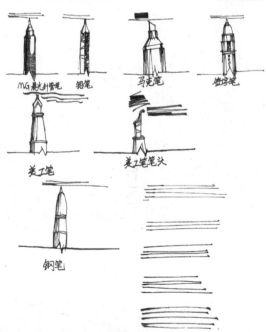

MG景光针管笔　铅笔　马克笔　曲字笔

美工笔　美工笔笔头

钢笔

> **TIPS**
>
> 建议初学者在手绘学习初期尽量不用尺规作图，在掌握了基本的透视和徒手绘制的能力后，再针对尺寸概念进行尺规绘图。

● 铅笔

铅笔是一种传统的绘画工具，具备很多优点，如铅笔能不断地在绘画中被修改；能在做设计时打底稿，还能和其他笔一样绘制出物体的明暗关系、色调等，这些优点是其他笔不能比拟的，所以铅笔自始至终有着重要的存在价值。铅笔分软铅和硬铅，软铅笔标注为B，硬铅为H。速写用笔为软铅，3B~8B都可以作为备选铅笔使用。

铅笔单体表现

> **◎ TIPS ◎**
>
> 常见木质铅笔需要通过削卷进行持续作画，在削卷铅笔时一定要注意安全。

● 炭笔

炭笔比铅笔色调重，且与纸面接触摩擦力稍大于铅笔，因此会感到生涩。同时炭笔痕迹不易擦除，但是炭笔的色调对比强烈，在黑白对比的表现上比铅笔更胜一筹，在处理主次关系、大块面时要比铅笔快，而且明暗关系效果明显。

炭笔的深入、细致程度不如铅笔，如果选择画很精细的写实性素描，初学者一般都会选择铅笔。但是，当有一定的基本功时，用炭笔也一样能画出很细致的画作，所以打下良好的基础至关重要。

炭笔景观表现

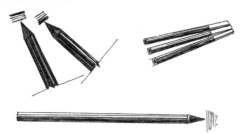

> **◎ TIPS ◎**
>
> 炭笔绘制痕迹不容易擦除，因此绘画时要注意保持画面整洁性。

● 签字笔

签字笔是近年来使用十分广泛的一种书写、办公工具，在办公室随处可见，但它也可以用来画速写、搞创作和做设计等。它的线条粗细较均匀，风格清新，是刻画物体细节的有力工具。签字笔是近年来最受欢迎，运用最广泛的一种笔，且使用方便，价格较为低廉，因此是手绘初学者练习的首选画笔之一。

签字笔景观表现

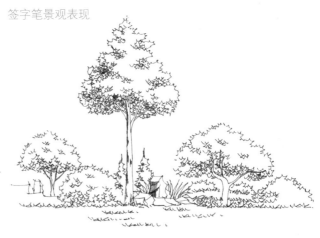

● 普通钢笔

使用普通钢笔可以根据笔尖的粗细不同绘制出不同效果的景观线稿，它是常用的景观绘画工具之一。

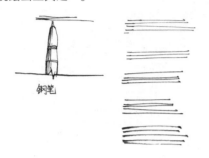

钢笔

钢笔景观表现

● 美工笔

美工笔的笔尖微微翘起，一支好的美工笔笔尖正反面应该都是很好用的，但是刚开始买的很多美工笔往往不是这样，有的笔尖反面不好用，用力过大甚至会划伤纸；有的不出水。出现这种情况，只要多用、多画，把笔头磨圆滑后就会变得好用。相对于普通钢笔线稿，美工笔线稿的变化更加丰富，能更加容易地表现出光面和阴面的感觉。

美工笔　　美工笔笔头

美工笔景观表现

● TIPS ●
　　美工笔有特殊的笔尖可以作为线稿暗面快速处理的有效工具。

● 针管笔

针管笔的笔尖具有弹性，能画出很细且有虚实变化的线条来，用针管笔绘制线稿时线条往往更加均匀、细致。这种笔在设计当中运用十分广泛，也是设计、绘画时使用相对较多的一种笔。一般我们所用的针管笔都是一次性的，使用这种针管笔相对于传统针管笔更加方便且不需要灌墨，而且笔尖根据不同的粗细进行了分类。

针管笔

针管笔景观表现

● TIPS ●
　　使用针管笔绘制正规平面图时，应保持针管笔笔尖与纸面夹角为90°，这样才可以更有效地使用针管笔绘制出粗细一致的线条。

● 马克笔

马克笔也是在设计领域广泛使用的一种画笔，是方案草图设计阶段理想的绘画工具。它与水彩和水粉有很大的差异，水彩和水粉的颜色需要调配，而马克笔的颜色却是固定好的，只需要选择使用即可，同时马克笔笔头有大小之分。

常见马克笔笔头从左到右依次为：圆头型、斜头型、细长型、平头型。

马克笔景观表现

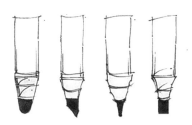

1.2.2 纸张的选用

纸张的种类非常多，使用不同的工具进行表现时，应该选择不同的纸张与之搭配，如在使用马克笔绘图时，一般都用质量较好的纸张，如纸面光滑的打印纸，因为马克笔在绘画过程当中会出现水印（酒精马克笔和油性马克笔都会出现这样的情况），如果纸面不光滑会导致马克笔的笔触不流畅，所以应选用纸面光滑的打印纸或速写本。

●TIPS●

半透明的硫酸纸也可以表现马克笔效果图，其良好的透光性可以使画面有更加通透的效果。

1.2.3 绘图板

绘图板是支撑纸面的一种绘画工具，常见的有速写板和带有硬质封面的速写本等。绘图板的另一个含义是用于电脑绘画的电绘板。

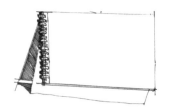

1.2.4 座椅

选择一把合适的座椅主要从两方面考虑：一方面是要符合人体工程学，这样的座椅有利于我们的健康，能够提供舒适的作画体验；另一方面是便捷性，在外出写生时常选用可折叠的座椅或马扎，既方便携带又适合在任何地点进行作画。

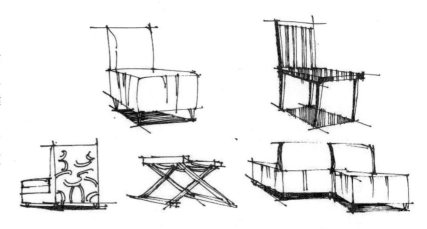

1.3 手绘姿势

1.3.1 握笔姿势

平时写字时，握笔较紧，手指与笔尖的距离较近。绘画的握笔姿势较为放松，手指与笔尖的距离较远，在作画时是以小拇指的第2个关节作为与纸的接触点，它的支撑点是关节上的一个点，而不是一条线或一个面。在画熟练后，手绘握笔的姿势往往是悬空的，直接通过手臂的摆动来作画。

写字握笔姿势

绘图握笔姿势

1.3.2 坐姿

作画时上身坐正，两肩齐平；头正，稍向前倾；背直，胸挺起，胸口离桌沿一拳左右；两脚平放在地上与肩同宽；左右两臂平放在桌面上，左手按纸，右手执笔。眼睛与纸面的距离应保持在30cm左右，不要长时间低头画画，一般为45min左右休息走动一下，让身体得到休息。

第 2 章

景观手绘线条练习

● 直线 　● 曲线 　● 抖线 　● 线的综合运用

2.1 直线

2.1.1 直线的概念

扫码看视频

　　直线是点在空间内沿相同或相反方向运动的轨迹，它的两端都没有端点，可以向两端无限延伸且不可测量长度。而在手绘当中我们画的直线往往有端点，雷同于线段，这样画是为了线条的美观和体现虚实变化。直线的特点是笔直、刚硬，有规则章法，不容易打破。

> **TIPS**
> 画线要流畅、快速、清晰且下笔稳定。

2.1.2 控笔能力

　　控笔能力是对笔的一种把控能力，是绘画熟练与生疏的一种检验，能够体现出绘画者对笔属性的了解程度。在描绘细节并深入刻画阶段控笔能力就显得尤为重要，如景物的虚实、明暗、大小等都能够非常明显地体现出控笔能力的强弱。

　　在右图中，左侧直线讲究小弯而大直，线条流畅、生动且富有变化；而右侧线条讲究起笔、回笔和收笔，两头实中间虚，画出来的线刚硬并富有变化。控笔能力常常体现在已经定好的距离和空间内，所以常常以多边形和方形来练习控笔能力。

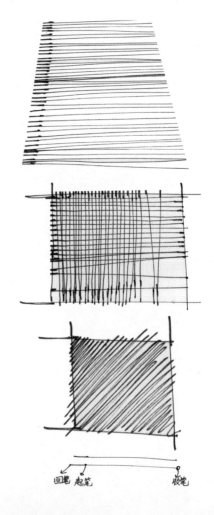

扫码看视频　扫码看视频

回笔 起笔　　收笔

2.1.3 直线的练习

画线做到流畅、快速、清晰和下笔稳定是练习直线条的重要条件。此外我们不仅要练习横竖向的线条，还要练习各个角度的斜直线。

徒手画出很直的线是关键，能和尺子画出来的直线相媲美需要注意几点问题。首先说到手腕，画直线手腕处于僵持状态，笔尖和所画的直线应该呈90°，以小拇指为稳定点，以肩为轴平移手臂，这样就能画出很直的线。画直线时尽量保持坐姿端正，把纸放正这是画好直线的前提。初学者所画的直线常常会出现不流畅、中间断点较多、呆板、轻重画得不到位和下笔犹豫不决等问题。

● 直线排列与过渡练习

扫码看视频

直线的排列与过渡是每一个绘画者必须要掌握的基本技能，要想画出干净、利索的画面，当排一组线时尽量使线条不重复，线条与线条之间留有空隙，这样画面才会显得清新亮丽。排线时线条尽量一笔画成，如果一条线不小心断开了，不要从断点处搭接，而是把这条线分成两笔画，使其形成自然的断点。当然，在某些明暗交界线的位置，为了强调光影效果可以少部分画出重叠的线条来体现明暗关系。

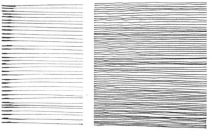

从排线稀疏到密集不断加强练习，徒手快速画出从疏到密的直线，能画多密画多密，但是要注意的是尽量不要把线画重叠。画快了一定会有重叠的线出现，但是我们要不断地克服这个问题，这样才能加强我们的控笔能力，提高绘画速度与质量。

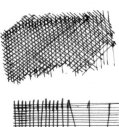

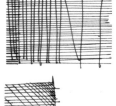
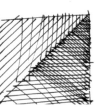
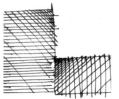

> ◉ **TIPS** ◉
>
> 在排线时尽量不要重叠，重叠的线过多会导致画面暗部不透气，画面不清晰等问题，容易画死。在画明暗关系时一定要事先考虑好它的明暗再确定排线的疏密。

● **不同钝角、锐角的直线练习**

不同钝角和锐角的直线练习要在不转动纸的情况下进行，因为这种训练方法能使我们在写生时，快速准确地画出每个角度的透视线，也可以避免在写生现场作画时由于某些不利因素而随意转动纸。只要能把这样的直线画好了，在任何情况下作画都有利。

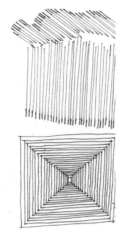
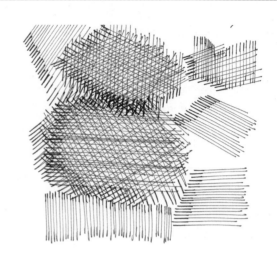

2.1.4　直线单体表现

除了多练习单纯的直线外，还要结合那些明显带有直线的单体景物，如材质单体、建筑物外轮廓以及方体等。用室内外单体材质来练习直线是一个很好的方式，能让初学者更多地了解手绘领域，能更全面地掌握直线的用法和发现直线的魅力。画这样的单体要求用笔干脆、准确，线条流畅且富有变化。

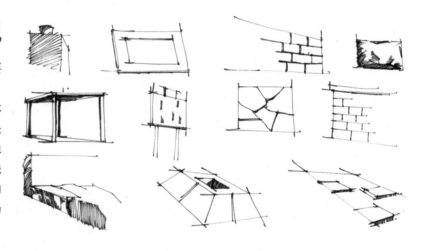

室内外小场景的直线表现也是综合训练直线的一种有效方法，不仅可以综合地练习直线的感觉，还能提高对基础透视的感受能力。

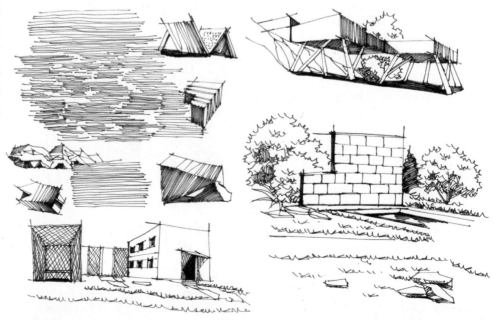

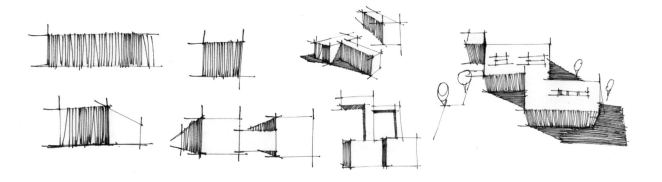

美工笔是练习直线单体的最佳工具，它既可以画出很粗的线条也可以画出很细的线条，使明暗关系和体块光影对比强烈。因此，在绘画和做设计时，工具的选取十分重要。

 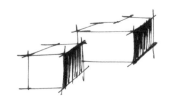  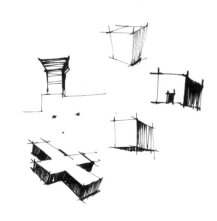

2.1.5 直线的运用

右图是现代庭院入口的一个景观节点，它的特征是以长方形笔直的门来引导入流，所以直线在这幅画当中的运用十分明显，想画好这张画，必须很好地掌握直线才能有效地作画，只有把线画直、把透视关系画对才能更好地展示这幅画的特征。

TIPS

用线技巧，当直就直，曲抖相间，硬软结合。

2.2 曲线

2.2.1 曲线的概念

　　曲线是非常灵活且富有动感的一种线条。画曲线一定要灵活自如，因为曲线象征着欢快、自由、活泼、随性和动感，所以画曲线时一定不要拘谨，要线随心动，手随心动，做到这两点是画好曲线的关键。当然曲线很忌讳故意中断，这样会打破曲线的动态，使它由动态变为静态，因而失去了曲线的本质。

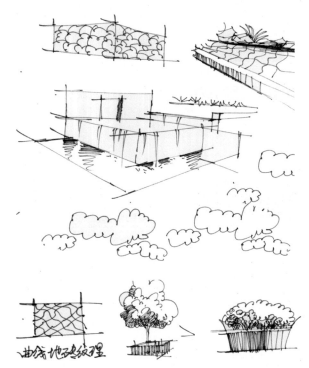

2.2.2 曲线单体表现

　　将曲线与具体的单体结合练习，有利于了解曲线的概念和特征，如绘制地砖的曲线纹理、动态水的影子、部分树冠的外形轮廓以及云彩的外形等；同时也是画好场景的前提条件，能够提高我们的绘画水平和审美能力，达到事半功倍的效果。

> **◦ TIPS ◦**
> 　　曲线绘制讲究手腕的灵活运用，画出动感，使得曲线有生命力。

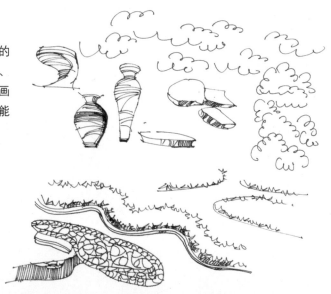

2.2.3 曲线的运用

右图是将曲线运用于景观水岸线的表现，曲线在物体轮廓线、铺装和水池的边界线等位置，给人自由奔放、欢快、生动活泼的感觉，同时灵活性要比其他线条的表现力更强。

2.3 抖线

2.3.1 抖线的概念

抖线是笔随着手的抖动而产生的一种线条。特点是变化丰富、机动灵活、生动活泼。抖线是景观当中最常用的线，它可用于表现乔木、灌木、绿篱等一系列的配景。

2.3.2 抖线的分类

抖线分为大抖线、中抖线和小抖线3类，区分它们的依据是时间和抖动的次数。

大抖线：一般运笔2s~3s加上手的抖动，抖动的幅度较大，画一段20cm的线，抖动而形成的波浪数在16个左右最佳，数量小、波长，利于线条的流畅自然。

中抖线：一般运笔3s加上手的抖动，抖动的幅度较小，画一段20cm的线，抖动而形成的波浪数在22个左右最佳。

小抖线：一般运笔4s加上手的抖动，抖都的幅度较小，画一段20cm的线，抖动而成的波浪数在50个左右最佳，波浪小，最关键在于自然、生动、流畅。

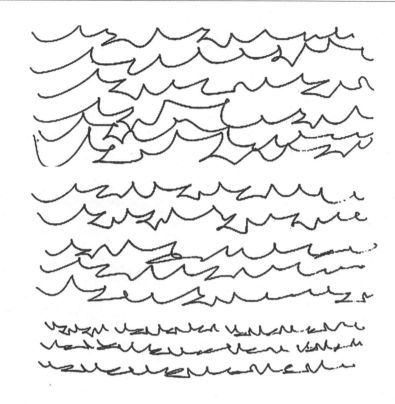

2.3.3 抖线单体表现

抖线在景观、建筑和室内手绘中多用于刻画植物树冠的外形，讲究的也是自然流畅，即使断开也要从视觉上给人能连接上的感觉。画植物树冠时，在有些构图和虚实的处理上常常会断开，但是就像上面说的，要让人感觉出来是有联系的，这就达到我们的训练目的了。

用抖线表现乔灌木的暗部和草地时，乔灌木的暗部并不是一味地涂黑，因为暗部也有反光，也有明暗之分，这时要用抖线来区分明暗关系，尽量做到不涂死，暗部要透气。

TIPS

抖线在表现树冠的外形、草地、灌木和乔木时，多采用几字形、3字形、W字母形和M字母形。

花卉在景观手绘当中能起到画龙点睛的作用，它虽矮小但能在万绿丛中脱颖而出，所以花卉是美化画面和丰富画面色彩的重要元素，而花卉常常以抖线和曲线的形式出现在我们的手绘里。

景观手绘中小灌木的树冠、灌木球和小乔木等都是用抖线表现的，具体方法是先画出树冠的外形再进一步刻画，达到体块明显，特征突出的效果。平时要多练习抖线，因为抖线关系到乔木、灌木、花卉和草地等的表现效果，而这些又是景观设计和景观写生中最常见的元素，所以学景观的同学抖线技巧必须过关。

2.3.4 抖线的运用

在右图中假设去掉树冠和草地等由抖线组成的部分，那么这幅画面就显得苍白无力且空洞，同时缺乏配景，所以在景观场景中，抖线起到了不可替代的作用。

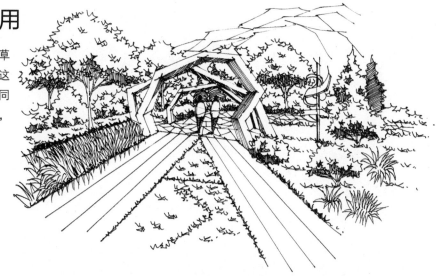

2.4 线的综合运用

2.4.1 线的基本组合形态

线条的组合图案，在室内装饰、景观铺装纹理、建筑外立面、植物和花卉中运用十分广泛。不同类型的线条相互组合讲究自然、交融、和谐。往往由几种线条组合成的图案，要比由单线组合成的图案更加美观、丰富且富有灵气。

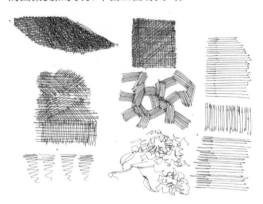

2.4.2 景观场景中线的运用

下图是一张以抖线为主，以直线和曲线为辅的小场景线稿，它们三者的搭配自然、生动、柔和，体现出了主次关系，透视准确且物体材质也表现得很到位，达到了画景观场景的基本要求。

下图中的小场景景观中抖线、直线和曲线相互搭配融合，远处的山、近处的树和水都是3种线条相互组合的完美呈现。景观从某种意义上讲是以植物和景观小品等元素为表现主题，那么这些元素又承载着抖线、直线和曲线，它们是组成景观元素最基础的构件，所以这些线综合在一起往往就是一张景观线稿。

想要表达出光感强烈的景观线稿，美工笔是很好用的一种工具，它利用笔尖的不同角度可以画出不同粗细的线条。各种线的综合运用可以表现画面中不同景物的质感，如树冠的抖线灵动活泼，建筑玻璃上直线的直接肯定，以及玻璃幕墙上的一些光影线排列，使得画面丰富多彩。

想要绘制带有水面的景观效果图，多种线条的综合使用是非常重要的，如曲线表现出水面的波纹感和水生植物的柔软感，直线表现出小桥，抖线表现出植物，相互配合，缺一不可。

◦ TIPS ◦

如果画面出现大面积的水面，可以自由点缀一些水生植物填补画面，使画面更加丰富。

通过不同的线条综合运用，还可以准确地表现出建筑的光影变化。

◦ TIPS ◦

不同的线条疏密使用，可以表现出有透气感的光影变化。

第 3 章

构图与透视

● 构图的重要性　● 框景　● 透视的认识与练习

3.1 构图的重要性

构图是对画面内容和形式整体的一种考虑和安排，是景观手绘的基础。一幅成功的景观手绘是离不开好的构图的，构图的好坏直接影响作品最终效果，构图不仅仅是具体的形式，也是一件作品形式美的集中体现。在景观手绘表现当中，无论是线条、形体、色块，还是前后、虚实等，全都是建立在构图的基础之上的。我们在绘画中不仅要使构图符合基本的审美要求，还要有独特性和观赏性。

3.1.1 构图的方法

● 均衡构图

构图均衡与对称主要是指画面中的景物具有稳定性。稳定性是人类在长期观察自然中形成的一种视觉习惯和审美观念。构图具有稳定性，会给人们视觉带来美感，我们称为稳定感。具有稳定感的画面有两种，一种是均衡与对称，另一种是平均。画面平均也能产生稳定感，但是平均缺乏变化，不生动且死板，所以在构图时切记不要平均对待画面，这样是不美观的。

● 黄金分割构图

黄金分割是一种由古希腊人发现的几何学公式，遵循这一规则的构图形式被认为是"和谐"的。在欣赏一件形象作品时这一规则的意义在于提供了一条被合理分割的几何线段，黄金分割不仅可以用于景观绘画当中，还被广泛运用于各种绘画构图以及摄影构图当中。

黄金分割是一门很高深的学问，其计算方法和使用方法也有很多种，在此我们不做深入研究，只为大家讲解一种较为简单易用的方法。

我们知道黄金比例分割是指把一条线段分割为两部分，使其中一部分与全长之比等于另一部分与这部分之比。其比值是一个无理数，取其前3位数字的近似值是0.618。

在此基础上，我们可以在绘画之前，在画面中拟定几条黄金分割线，确定大约的黄金分割点的位置，将要着重表现的物体或者物体的某个部位放在黄金分割点上。

以实物照片来举例，图中的几个黄色的点就是通过黄金分割比例得出的，在效果图表现中也可以使用这几个点来规划画面主体物的位置。

● 其他构图形式

构图的形式还有很多，如"口字形""三角形""井字形""垂直形""水平形"以及"三七开""S形构图"和"水平构图"等构图形式。其中"三七开"这种构图运用较为广泛，一般为上三下七或者下三上七，左三右七或者是右三左七的分布布局。每种构图都有主次关系，即有主体和陪衬的部分。

3.1.2 构图要点

构图要点有主次分明、布局合理和特征突出等。

● 主次分明

主次分明是指主景和配景有明确的虚实关系。

要描绘和设计的内容分为主景和次景，就像风景画中有近景、中景和远景之分。初学者常常只刻画主景而缺乏次景，这样会使主景显得孤立、单薄，空间感不强；只有次景而缺乏主景的刻画，会导致描绘的景物出现无主次、主体不分明或者是无主题的局面。主景和次景应该是相关联的，它们之间是有呼应关系的，如远近、大小、高低和虚实等都有一定的过渡关系，要把这些东西合理安排到画面中才是正确的选择。

主景与前景的处理形式：近大远小、近实远虚。突出近处的景物弱化远处的景物；突出视觉中心的景物弱化视觉中心以外的景物。这个弱化并不是说不画，而是有虚实的弱化，弱化的处理手法有很多，如从主景视觉中心到四周扩散的弱化处理方法等。

下面两张图片的主景均在画面的右边，主景的刻画明显要多于配景，通过这样的手法可以很明确地区分画面的主次关系。

下面两张图片的主景均在画面的中心位置，通过从视觉中心到四周扩散弱化的处理方法，明确地区分了画面的主次关系。

● TIPS ●

先画主景，后画配景，统筹优化，加强主景细节，弱化配景表达。

● 布局合理

布局合理是指画面布局疏密有致。

用之前讲到的构图方法来系统地确定画面的布局。构图的形式是多样化的，无论哪种构图都要做到画面布局均衡。画面内容有重心、具有稳定感、有中心主体、有虚实变化、相互呼应、不上下沉压、不上下浮动、不膨胀不扭曲物体、不浓缩减少物体结构及不面面俱到等。

下图是通过水平构图的方法绘制的一张带光影的景观线稿步骤图，前景的植被、中景的房子和远景的大山这3者大体呈水平分布关系。最后通过加强光影的强度更好地区分前景、中景和后景的关系。

（1）确定基本布局形式，采用水平构图方式确定主景的位置。

（2）通过加强局部光影变化，深化布局视觉感受。

右图是一张使用S形构图的景观线稿，主景位于画面相对中心的位置，加上配景的阶梯形成了一个接近S形的构图形式，远处的山则是虚化的背景，整幅画的布局十分合理。

● **特征突出**

特征突出是指在画面中有明确的重点表现景物以及主景物有明显的特征基调。

在右图中主体景物是画面中心位置的建筑，主体景物的特征基调可以称为"中式风格"。这幅手绘加强刻画了主体建筑，增加了如月亮门一类带有明显中式风格的元素作为配景，使画面的特征主题十分突出。

> **TIPS**
>
> 为了突出手绘的特征，配景的搭配往往是不容忽视的，掌握各种风格的单体配景可以让我们更好地把控画面的风格走向。

下图是带有水景的景观表现步骤图，通过大面积的留白和强烈的光影变化可以突出水景的特征。

（1）确定水景在画面中的比例位置，其他景物作为配景，处理好前后的虚实关系。

除了通过刻画明暗来表现水景的特征，还可以通过在水面留白处增加单体水生植物来强化作品特征。

（2）用深色马克笔加深配景的暗部，特别是水景驳岸的位置，使水景成为画面中最明亮的部分，突出水面光感强烈的特征。

下图是通过刻画材质来突出画面特征的一幅景观表现步骤图。通过加强主体物的特殊材质，使画面的特征明显。

（1）确定主体物的位置，明显突出玻璃幕墙在画面中的重要性，并弱化周围的配景。

（2）加强画面的光影关系，细致刻画玻璃幕墙上的光影变化，亮面的高光做保留处理，使画面特征明显，让玻璃光滑透明的质感在周边景物的衬托下更加突出。

3.1.3 构图的尺度与比例

构图时不仅要注重画面的美感，还要注意严谨的尺寸与比例感，这样的效果图才会经得起推敲。

要明确现实景观环境中的尺寸与比例感，最简单的方法就是以人的尺寸去比较景物的尺寸与比例，如一般灌木高度在人的腰部左右；常见的行道树至少是3m以上，也就是两个人以上的高度；建筑的层高一般也为3m，也可以理解为大约两个人的高度。

在进行效果图创作时，要时刻注意尺寸和比例，如果初学者还没有养成比较直观的感受，可以在作画时用铅笔轻轻勾画出一个人的高度，然后根据人的尺寸进行其他景物的对比，由此来确定正确的构图尺寸与比例。当然最有效的尺寸与比例感是通过不断地写生和观察得到的。

通过几张带有人物的景观线稿，我们可以了解画面中人物与周边景观的尺寸与比例感。

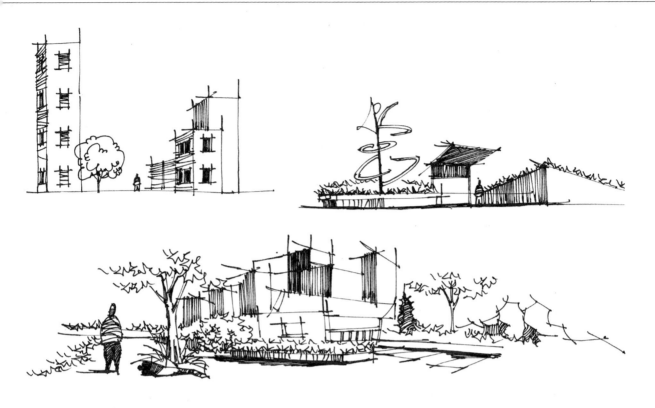

3.1.4 常见构图问题解析

● 构图偏小

问题分析：构图偏小这个问题是初学者常出现的一个问题，这种情况会使画面空洞、视觉冲击力不强。出现这种问题的原因是，作画者缺少整体把握画面的能力，选择的参照物开始画得过于小导致画面到最后留有很多空白；另外就是作画者因实际景物的庞大而给自己心理的一种暗示，暗示自己一定要缩小，不然有些景物画不下，在实践写生当中产生一种不良的心理导致越缩越小，最后导致画面空洞的问题。

矫正方法：首先找准参照物在画面上的大小位置，整体观察能否把想表现的对象表现在画面当中；其次是观察要全面，开始勾画轮廓要不拘小节，多参考那些景物之间的距离、大小和高低等；最后是要确定能画得开，能在画面上把想表现的景物表现出来，做到画面内容有中心、有重心、不浓缩、不下沉、不偏离、不膨胀、不面面俱到以及不一味刻画局部等。这样就能很好地克服构图偏小的问题。矫正后的画面效果，构图适中饱满，视觉冲击力相对较强。

● 构图过满

问题分析： 图过于饱满，导致想画的物体画不下，出现这样的问题关键是初学者缺乏整体构图的意识，作画者在绘画之前没有顾全大局，一味刻画细部，甚至是一开始就从细节刻画，刻画到最后发现，想表现的很多景物已经画不到画面中了。这种情况往往发生在初学者和有一定造型能力但接触手绘草图时间相对较短的人身上。他们以为是画得越细越好，其实不然。我们要掌握整体把控画面的能力，从整体到局部。

构图过于饱满还有一个原因就是，作画者表现的欲望过于强烈，这种强烈的欲望没掌控好，不断地向画面四周扩张，侵略了其他景物的"家园"导致画面过于饱满。

矫正方法： 正确的构图应该是纸的边缘留有一定的空白，给人想象的空间。这也是画面由实到虚的一种过渡处理方式。构图和作画时一定不要拘泥于局部的刻画，从一开始就要做到从整体到局部，整体把控画面。矫正后的画面，构图恰当、主题突出、空间合理。

● 构图偏移不合理

问题分析： 通过前面均衡构图知识的学习，我们知道画面的主体物应当在合适的位置，特别是大型的建筑为了突出视觉冲击力往往放在画面中心略微偏移的位置，但是如果偏移不合理（偏左或者偏右）会使画面重心不稳，直接影响视觉感受。

矫正方法： 首先应当确定使用均衡构图的方法，突出主体物在画面中的重要性，使画面重心稳定，前后、左右虚实得当，不偏、不下沉、不膨胀且主次分明。

偏左

偏右

● 构图主体物不明确

问题分析: 初学者往往由于整体把控画面的能力较弱,出现构图主体物不明确的问题,由于只顾闷头作画,最后构图过于平均,使得最后画面前后虚实不明确,主体与配景也不能明确分析,让画面没有重点可寻。在下面这幅画中构图主体物不明确,这幅画的主体物本身应该是画面中景的6根柱子,但是前景的石头,中景的柱子,后景的山体几乎都在画面中间的垂直线上,而且刻画得也过于平均,使画面看上去感觉没有任何的虚实关系。

矫正方法: 构图主体物不明确的问题,还是需要初学者掌握整体把控画面的能力,加强主体物的刻画力度,让主体物可以从配景中明显地被区分出来。矫正后的构图,中景的主体物刻画细致,前景和后景的虚实处理得当。

3.2 框景

3.2.1 框景的概念与方法

● 框景的概念

框景是空间景物不尽可观,场景里有可取之境,利用门框、窗框、树框、植物围合的框以及山洞等,选择性地取舍景物的一种方式。

● 框景的方法

用双手大拇指和食指框出自己所感兴趣的景物或者是周围环境框出来的景物。这样的选景方法是窄外写生常用的一种方式,也是借景、选景、框景的体现。

手框框景方法: 手框框景是绘画当中最常见的一种框景方式。方便简单,能迅速选择出我们想要的画面素材。

圆形框景方法: 透过圆形框来选定所画的素材。

矩形框景方法：通过矩形框来确定素材并加以选择。

六边形框景方法：通过六边形选框来框出景物，为我们选用。

植物围合框景方法：通过植物围合框出景物的区域，作为我们的中心观察点，并选择景物。

3.2.2 景物的选择与表现

● **景物的选择**

景物的选择一般分为以下3个步骤。

第1步：整体观察景物。

第2步：选定合适的主体物。

第3步：移动取景框选择合适的构图。

> **◦ TIPS ◦**
>
> 构图时根据自己的想法适当地添加或减少景物可以得到更好的效果图。

● **景物的表现**

范例一

（1）先用手框框出想要的景物。

（2）对比照片绘制出大体的透视线和配景汽车，然后加以刻画使其成为参照物。

（3）绘制出左边街道、路灯、配景公交车、小区围墙及右边街道上的配景人物，然后加强画面的明暗关系。

（4）绘制出右边街道的乔木，并区分开乔木的明暗面，然后画出汽车的轮廓线，处理好汽车之间的虚实关系。

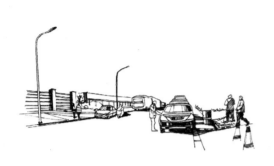

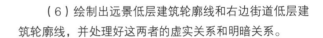

（5）绘制出左边小区围墙内部的乔木以及右边街道乔木的明暗过渡关系。

（6）绘制出远景低层建筑轮廓线和右边街道低层建筑轮廓线，并处理好这两者的虚实关系和明暗关系。

（7）绘制出高层建筑轮廓线，与低层建筑对比，处理好建筑的虚实关系，然后调整画面，使画面整体和谐、自然。

范例二

（1）画出大的透视线，然后定好主体景物的位置，并留出配景物体的空间。

要有足够的空间来绘画配景，这样有利于上色时烘托主体景物。

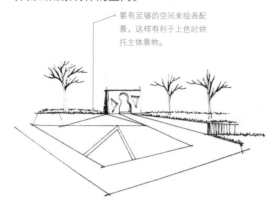

（2）画出中景及前景的配景，如下图的景观小品、树池、地被植物以及乔灌木的树干等。

在景观当中乔灌木的树干往往能起主导作用。

根据个人的绘制习惯，一定要注意每个地方画到什么程度就该收手这是很重要的。

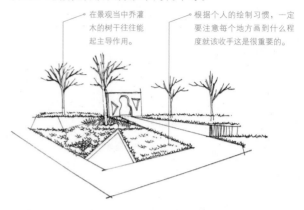

（3）有选择性地绘制画面中的景物，画出景观最吸引人的地方。

这里选择的是前景植物、棕榈树、地被植物和小灌木，以及周围树池中比较有特色的植物进行绘制，当然，也可以选择仰望的乔木树枝。

这一步的选择往往决定着整幅画面哪些地方是最吸引人的景观元素，决定着画面的趣味性和生动性。

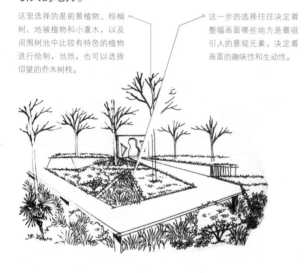

（4）调整画面的节奏，将架空的过道从某一点开始交接画出，并慢慢地推向远景的植物，然后调整前景的一些明暗关系，使画面相对完整。

这一步也是局部景观调整的一个阶段，主要目的是使画面达到协调自然的视觉效果。

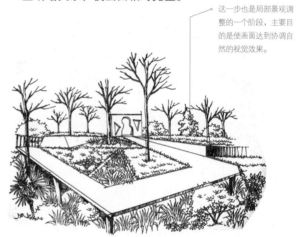

（5）绘制出乔灌木的树冠，加强前景的一些明暗关系，使画面完善。

这是加强主景刻画的一个重要阶段，在这个阶段我们将把架空过道的扶手完整地绘制出来，充实画面的内容。

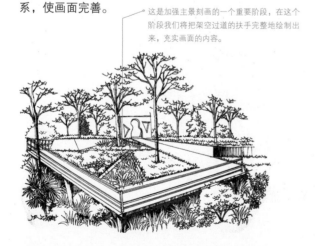

（6）用Touch120号马克笔加强明暗体块关系，调整好画面的整体效果。

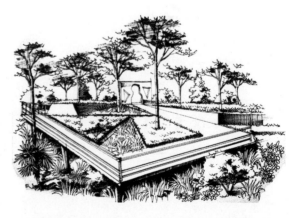

3.3　透视的认识与练习

3.3.1　透视的基础知识

● **透视的概念**

　　透视是用来表现一幅画面空间感的重要部分，透视也是一种视觉现象。这种视觉现象是随着人的视点移动而产生变化的，即这种变化与视点的位置和距离是分不开的。在现实生活中，当人们边走边看景物时，景物的形状会随着脚步的移动在视网膜上不断地发生变化，因此对某个物体很难说出其固定的形状。观者只有停住脚步，眼睛固定朝一个方向看去时，才能描述某个景物在特定位置的准确形状。再则，随着景物与我们远近距离的不同，所看到的景物形状也不一样。通常在距离相同的前提下，空间越深，透视越大。同样大小的物体，也会因视点与物体远近距离的不同而产生大小变化。这就是我们通常所讲的近大远小的透视变化规律。

　　当我们站在人行道上就会发现，越近的树和灯越高越大，越远的树和灯越矮越小。

● **透视的基本术语**

　　透视，即通过一层透明的平面去研究后面物体的视觉科学。透视的基本术语包括以下几个方面。

　　视点：指人眼睛所在的地方。

　　视平线：与人眼等高的一条水平线。

　　视线：视点与物体任何部位的假想连线。

　　视角：视点与任意两条视线之间的夹角。

　　视域：眼睛所能看到的空间范围。

　　视锥：视点与无数条视线构成的圆锥体。

　　中视线：视锥的中心轴。

　　变线：与画面不平行的线，在透视图中有消失点。

　　视距：视点到心点的垂直距离。

　　站点：观者所站的位置，又称停点。

　　距点：将视距的长度反映在视平线上心点的左右两边所得的两个点。

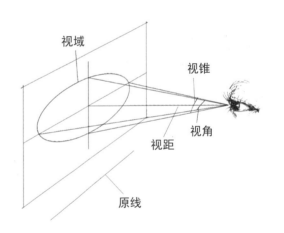

　　余点：在视平线上，除心点距点外，其他的点统称余点。

　　天点：视平线上方消失的点。

　　地点：视平线下方消失的点。

　　灭点：透视点的消失点。

　　测点：用来测量成角物体透视深度的点。

　　画面：画家或设计师用来表现物体的媒介面，一般垂直于地面，平行于观者。

　　基面：景物的放置平面，一般指地面。

　　画面线：画面与地面脱离后留在地面上的线。

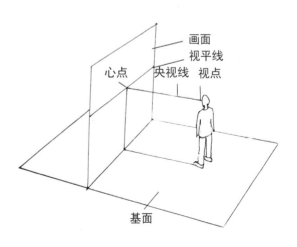

原线： 与画面平行的线，在透视图中保持原方向，无消失点。

视高： 从视平线到基面的垂直距离。

平面图： 物体在平面上形成的痕迹。

迹点： 平面图引向基面的交点。

影灭点： 正面自然光照射，阴影向后的消失点。

光灭点： 影灭点向下垂直于触影面的点。

顶点： 物体的顶端。

影迹点： 确定阴影长度的点。

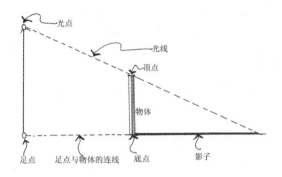

● 视平线

确定视平线是绘画前期的首要工作，它的确定表明作者的观察位置是仰视，还是俯视，还是以正常视角平视。由于视平线的属性永远是水平的，也就标志着它充当着我们所看见物体的分界线。通过视平线可以确定被画的物体高度。

视平线示意图

在此图中我们将人的视平的高度定为170cm，那么一般正常的视线高度就为170cm（这里只代表大多数人群，根据人群高度的不同在同一位置，所呈现的角度多多少少是不一样的），超过这个高度的就可以称为俯视角度，低于这个高度就可以称为仰视角度。

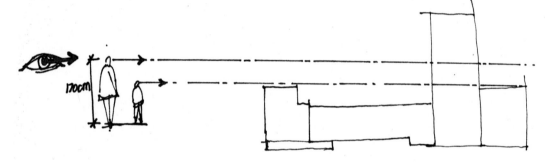

两点透视视平线

两点透视，即两个消失点都在视平线上，以景物为界限，在景物的两侧。两点透视常常会呈现出向两侧的一种延伸感，能从视觉上拓宽场景。两点透视在绘画当中具体运用方法要灵活一些。

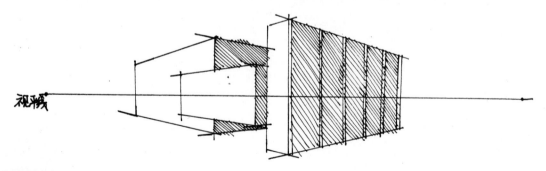

> **TIPS**
>
> 两点透视绘制时需要注意以下3点。
>
> 第1点：画出视平线定好消失点。
>
> 第2点：观察物体画出离自己最近的一条线确定高度和整体空间形态，然后朝着两个消失点刻画。
>
> 第3点：画出物体背光面，确定具体空间形态。

扫码看视频　扫码看视频　扫码看视频

3.3.2 一点透视

● 一点透视基础概念

　　一点透视，是画者的视线与所画物体的立面成直角的夹角关系，物体边线的消失线最终交于一点。

　　一点透视学习起来较为简单，物体所有边缘线的夹角都朝着一个点消失，或者是说画面物体所有夹角小于直角的边缘线在远方都消失于一点。画好一点透视首先得找准视平线和唯一的消失点，用视平线来确定画面中各个物体的位置整体把握画面，然后再加入必要的光影关系。

一点透视概念示例　　　　　　　　　　　　　　　　一点透视光影示例

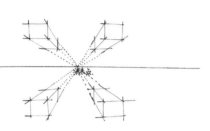
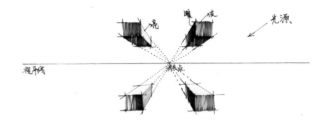

● 一点透视练习

　　范例一

　　（1）确定人物的高度和视平线的位置，画出主要的透视线，确定画面整体透视关系。

　　（2）确定视平线以下右侧的建筑轮廓。

在绘画时一定要注意近大远小的透视关系。

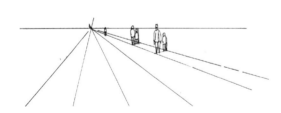

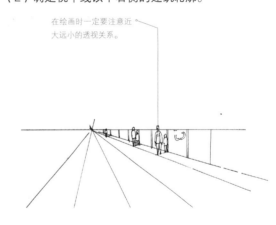

建筑物的背光线条排列要整齐，塑造出建筑物的体积感。

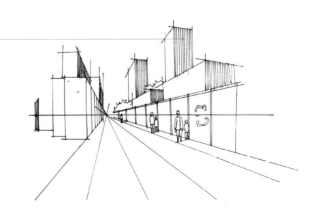

　　（3）绘制出建筑的轮廓，然后加强建筑物的明暗关系。

（4）绘制出建筑物周围的乔灌木及绿篱。

绘画植物一定要放松不拘束。

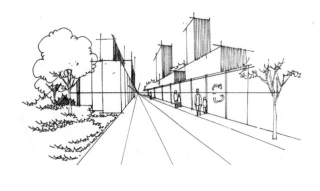

（5）用Touch120号马克笔加强明暗关系，完成画面的描绘。

用笔要快速，明暗体块大小要掌握好。

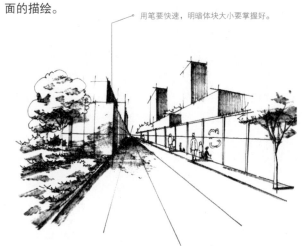

范例二

（1）绘制出大体透视线，确定好画面的透视角度。

（2）绘制出参照物，并通过道路旁的草地区分道路与草地之间的区域。

（3）根据参照物绘制出其他的景观元素。

作画时始终要记住近大远小的透视关系。

（4）加强画面的明暗关系，刻画景观元素的纹理。

作画时一定不要忽视近实远虚的关系。

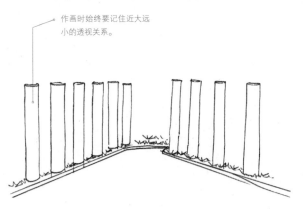

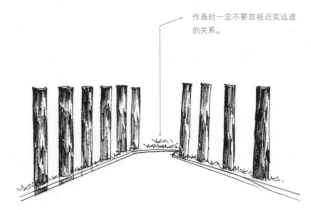

> **TIPS**
> 一点透视特点是垂直线方向不变，所有水平线变形。

3.3.3 两点透视

扫码看视频

● 两点透视基础概念

　　两点透视，即画者视线与所画物体的立面所成的夹角为锐角，且两点透视的两个消失点在一条直线上。这条直线叫做视平线，两点透视也是绘画当中最常见的一种透视角度。在人的视平线上能看见两个或者两个以上的面，且在视平线上有两个消失点。通过不断地观察和练习我们才能快速准确地确定出消失点，绘制出合理的透视效果图。

两点透视概念示例

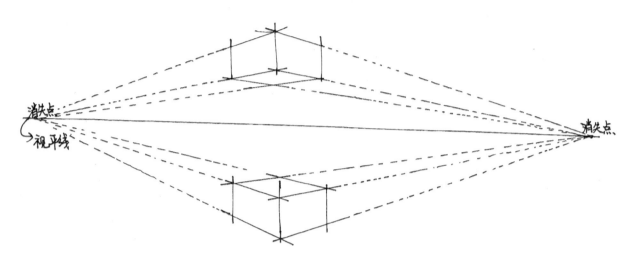

两点透视光影关系示例

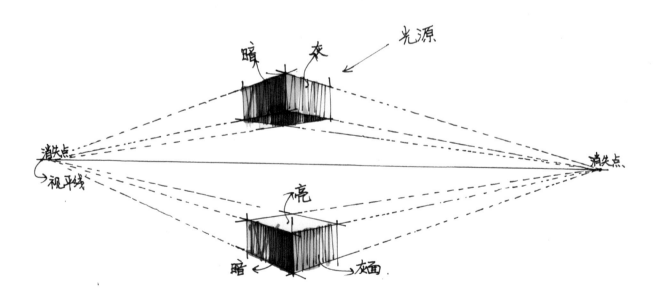

● 两点透视练习

（1）绘制出配景人物，并且通过人物确定画面的视平线。

（2）绘制出建筑物大体的轮廓。

扫码看视频 扫码看视频

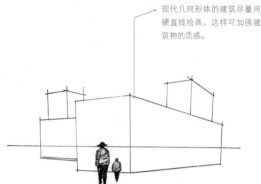

现代几何形体的建筑尽量用硬直线绘画，这样可加强建筑物的质感。

（3）绘制出建筑物的窗户，并注意窗户的大小透视关系。

（4）绘制出乔灌木、绿篱及乔木草地的轮廓，然后细致刻画，并加强乔灌木与绿篱的明暗关系。

抓准透视关系，做到近大远小。

树冠用抖线绘制。

绿篱先用竖线排列，再用抖线修饰。

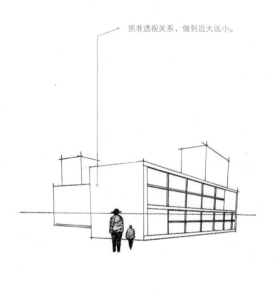

> **TIPS**
>
> 两点透视是景观效果图中运用相对较多的一种透视方法，希望初学者多多练习。

（5）绘制出远景植物、建筑的背光和材质纹理与前景的草地，并加强它们的明暗关系。

（6）绘制出建筑物后面的乔灌木轮廓，并加以刻画。

区分开乔灌木的明暗关系，处理好远近乔灌木的虚实关系。

（7）绘制出乔灌木树干、绿篱、人物和建筑的背光影子，调整画面，使画面节奏统一。

应该做到光影关系明确，视觉冲击力强。

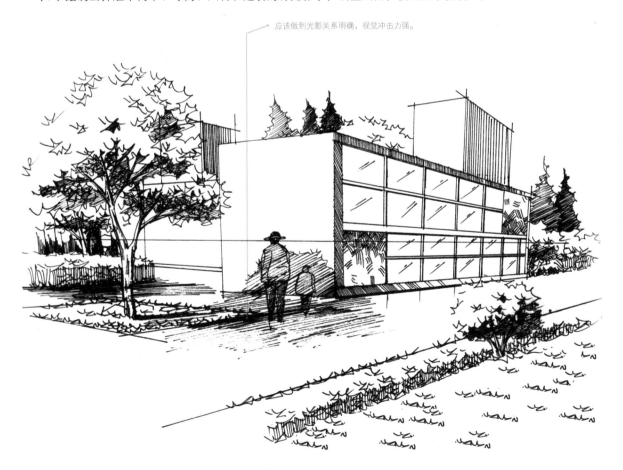

3.3.4 三点透视

扫码看视频　扫码看视频　扫码看视频

● **三点透视基础概念**

画者的视线与物体较近，同时物体较高大，画者视线与物体成角度关系，那么这样的透视为仰角透视；反之物体较矮，我们的视线高出物体的顶端向下看，那么这样的透视为俯视透视（鸟瞰透视），这些透视都属于三点透视。

三点透视又称为斜角透视，是画面当中有3个消失点也可以说3个灭点的透视。这种透视的形成，是因为景物没有任何一条边缘线、面、块与画面平行，相对画面来说，景物是倾斜的。这样的视觉感受就是三点透视的特点，往往用于表现大面积的景观。

三点透视概念示例　　　　　　　　　　　　三点透视光影关系示例

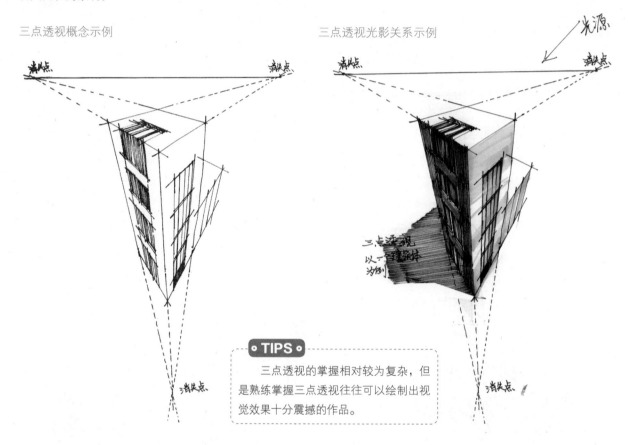

> **TIPS**
>
> 三点透视的掌握相对较为复杂，但是熟练掌握三点透视往往可以绘制出视觉效果十分震撼的作品。

● **三点透视练习**

（1）确定消失点和物体的基本造型，根据消失点来绘制透视线。

（2）细画建筑，画出玻璃幕墙的轮廓和建筑周围的植物。

（3）细画玻璃框及乔木绿篱，完成画面的绘制。

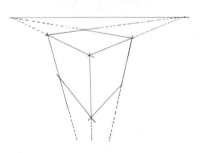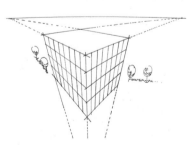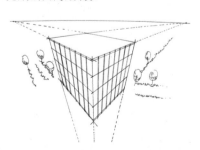

3.3.5 根据平面图绘制透视图

● **平面图基础概念**

一张完整的平面图应该有指北针、比例尺和比较完整的画面效果。

根据平面图转化为透视图是效果图手绘中很重要，也是很难掌握的一部分。第1点：需要有深厚的手绘基础；第2点：需要对平面有敏锐的感知力和对空间的想象力；第3点：需要对景观设计有深入的了解。

下图为草图形式的景观平面图，其中的箭头代表视点方向，我们将根据平面图绘制出3个不同视点方向的透视图。

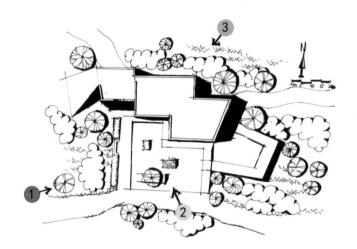

● **根据平面图绘制透视图**

· **视点1透视图绘制**

（1）绘制出水池的透视轮廓线。

（2）绘制出水景当中的乔木与水生植物，并加强明暗关系。

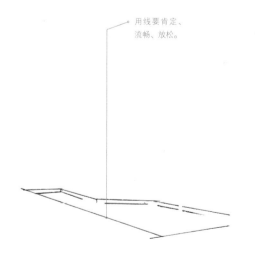

用线要肯定、流畅、放松。

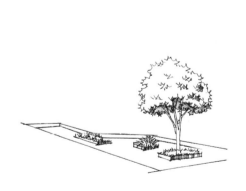

（3）绘制出左侧建筑与建筑前的灌木，并加强明暗关系。

注意草与道路的透视把握。

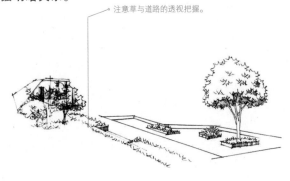

（4）绘制出整个建筑，并画出建筑的玻璃框，然后画出前景草地上的灌木球与地被植物。

（5）绘制出建筑物后面的乔灌木轮廓，并加强它们的明暗关系。

（6）调整画面的明暗关系，绘制出玻璃幕墙上的影子与水中的倒影。

视点2透视图绘制

（1）用硬直线画出房顶的透视线，确定整体透视关系。

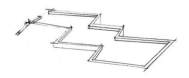

（2）根据房顶，向下画出窗框的透视线，然后加深局部阴影。

此时需要注意，仅画出我们实际所能看见的建筑轮廓线即可。

（3）根据窗框画出周围环境的阴影在玻璃上的形状。

阴影用竖直线条排列来表现，同时注意留白，尤其是树冠的影子，常常是叶片与叶片之间的空隙需要留白。

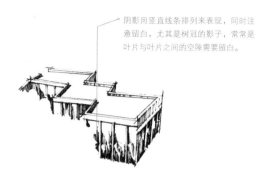

（4）根据建筑绘制出基本的交通枢纽、人行道旁的草地和前水景旁的绿篱。

局部加深前水景的暗部。

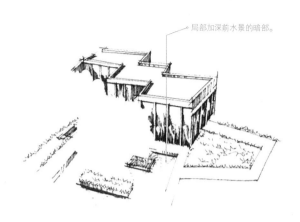

（5）用曲线绘制出建筑物旁的乔灌木外轮廓。

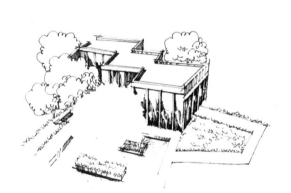

（6）用曲线绘制出建筑物右边的乔灌木外轮廓。

区分开乔冠木的明暗关系，使画面层次丰富。

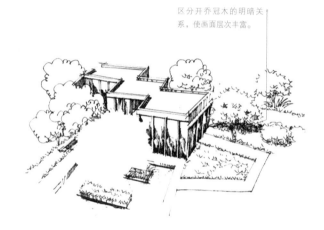

（7）用曲线绘制出前水景的乔木外轮廓，然后绘制出乔木的明暗关系，使画面层次丰富，节奏统一。

注意调整画面细节，使画面自然和谐。

视点3透视图绘制

（1）绘制出前景中的灌木轮廓，然后加强灌木的明暗关系。

用线要灵活自如，区分出前后的灌木位置关系。

（2）绘制出前景草地和地被植物，通过道路旁的草地划分出入口道路。

（3）绘制出建筑的轮廓，并绘制出门与窗的大体位置关系。

（4）绘制出乔木的轮廓，并加强乔木的明暗关系。

在绘制乔木暗部时运用抖线区分明暗关系，并用一致的线条排列，加深明暗关系。

（5）绘制出建筑物后面的乔灌木，并用抖线区分乔灌木的明暗关系。

（6）绘制出建筑物的光影，使画面整体节奏统一，明暗关系对比强烈。

> **⊙TIPS⊙**
>
> 根据景观平面图绘制透视图，大致可以分为6个步骤。
>
> 第1步：根据平面图从一个面或者局部植物开始入手；第2步：确定主体景观位置，若从配景入手则预留出主景的位置；第3步：绘制剩余的部分；第4步：增加细节和光影；第5步：添加指北针和比例尺；第6步：检查画面，最后修整。

第 **4** 章

色彩的基础知识与上色方法

4.1 色彩的基础知识

4.1.1 色彩的形成

色彩是通过眼、脑和我们的生活经验所产生的一种对光的感知，是一种视觉效应。人对颜色的感觉不仅仅由光的物理性质所决定，如人类对颜色的感觉往往受到周围颜色的影响。有时人们也将物质产生不同颜色的物理特性直接称为颜色。

经验证明，人类对色彩的认识与应用是通过发现差异，并寻找它们彼此的内在联系来实现的。因此，人类最基本的视觉经验得出了一个最朴素也是最重要的结论：没有光就没有色。白天人们能看到五颜六色的物体，但在漆黑无光的夜晚就什么也看不见了。

经过大量的科学实验得知，色彩是以色光为主体的客观存在，而对于人则是一种视像感觉，产生这种感觉基于3种因素：一是光；二是物体对光的反射；三是人的视觉器官（眼睛）。即不同波长的可见光投射到物体上，有一部分会被物体吸收，另一部分的光则被反射出来刺激人的眼睛，经过视神经传递到大脑，形成对物体的色彩信息，即人的色彩感觉。

光、眼、物三者之间的关系，构成了色彩研究和色彩学的基本内容，同时亦是色彩实践的理论基础与依据。

4.1.2 色彩的3种类型

● 光源色

光源色是光源照射到白色光滑不透明物体上所呈现出的颜色。除日光的光谱是连续不间断（平衡）的以外，日常生活中的光，很难有完整的光谱色出现，这些光源色反映的是光谱色中所缺少颜色的补色。检测光源色的条件：要求被照物体是白色、不透明且表面光滑的。

自然界的白色光（如阳光）是由红、绿、蓝3种波长不同的颜色组成的。人们所看到的红花，是因为绿色和蓝色波长的光线被物体吸收，而红色的光线反射到人们眼睛里的结果。同样的道理，绿色和红色波长的光线被物体吸收而反射为蓝色，蓝色和红色波长的光线被吸收而反射为绿色。

● 固有色

一般情况下把白色阳光下物体呈现出来的色彩效果总和称为固有色。严格地说，固有色是指物体固有的属性在常态光源下呈现出来的色彩，简单来讲，就是物体本身所呈现的固有的色彩。对固有色的把握，主要是准确地把握物体的色相。

由于固有色在一个物体中占有的面积最大，所以，对它的研究就显得十分重要。一般来讲，物体呈现固有色最明显的地方是受光面与背光面之间的中间部分，也就是素描调子中的灰部，我们称之为半调子或中间色彩。因为在这个范围内，物体受外部条件色彩的影响较少，它的变化主要体现在明度变化和色相本身的变化，它的饱和度也往往最高。

● 环境色

　　环境色是指在太阳光照射下，环境所呈现的颜色。物体表现的色彩是由光源色、环境色和自身色3者颜色混合而成的，所以在研究物体表面的颜色时，环境色和光源色必须考虑进去。

　　物体表面受到光照后，除了能吸收一定的光照外，还能将光照反射到周围的物体上。尤其是光滑的材质具有强烈的反射作用。另外在暗部中反映较明显。环境色的存在和变化，加强了画面相互之间的色彩呼应和联系，能够微妙地表现出物体的质感，也大大丰富了画面中的色彩。所以，环境色的运用和掌控在绘画中显得十分重要。

4.1.3　色彩的3种属性

● 色相

　　色相是色彩的首要特征，是区别各种不同色彩的最准确的标准。事实上任何黑白灰以外的颜色都有色相，而色相也就是由原色、间色和复色来构成的。色相是色彩可呈现出来的质的面貌。

　　色相也是一种测量术语，用于区分最基本的颜色，如红、黄、蓝等各种颜色。

● 明度

　　光源照射在同一个物体上，由于光源强度的不同，我们的眼睛所观察到的物体明暗程度的强弱也不相同，光源越强物体的明度就越高，光源越弱物体的明度就越低。

　　明度不但取决于物体照明程度，而且取决于物体表面的反射系数。如果我们看到的光线来源于光源，那么明度取决于光源的强度；如果我们看到的是来源于物体表面反射的光线，那么明度取决于照明的光源的强度和物体表面的反射系数。

　　简单来说，明度可以简单理解为颜色的亮度，不同的颜色具有不同的明度。应用于景观绘画当中，我们可以通过改变颜色的明度来体现画面所要表达的内容，如一片绿叶颜色可以从浅绿过渡到翠绿再到墨绿等。

● **纯度**

纯度通常是指色彩的鲜艳度。从科学的角度看，一种颜色的鲜艳度取决于这一色相发射光的单一程度。人眼能辨别的有单色光特征的颜色，都具有一定的鲜艳度。不同的色相不仅明度不同，纯度也不相同。

色度、饱和度、彩度是同一概念，是"色彩三属性"之一。纯度通俗得讲指的是色彩的鲜艳程度，如三原色的纯度一般要高于其他颜色的纯度。

应用于景观绘画当中，一般主体物的颜色纯度往往要高一些，背景物体的纯度往往较低，这样可以控制画面的整体空间感。

4.1.4 色彩的调和

● **原色**

不能通过其他颜色调和得出的颜色称为原色，原色也叫基本色。涂料原色指的是颜料的红色、黄色和蓝色。光学中的原色指的是因不同波长所引起的色调感觉，可以用红、绿、蓝按不同比例调配而得到3种波长的颜色。

光学中的原色又分为的叠加型三原色和削减型三原色两种。

叠加型三原色：一般来说以光源投射时所使用的色彩属于"叠加型"的原色系统，此系统中包含了红、绿、蓝3种原色，亦称为"三原色"。使用这3种原色可以产生其他颜色，如红色与绿色混合可以产生黄色或橙色，绿色与蓝色混合可以产生青色，蓝色与红色混合可以产生紫色或品红色。当这三种原色以等比例叠加在一起时，会变成灰色；若将此三原色的强度均调至最大并且等量重叠时，则会呈现白色。

这套原色系统常被称为"RGB色彩空间"，亦即由红（R）、绿（G）、蓝（B）所组合出的色彩系统。

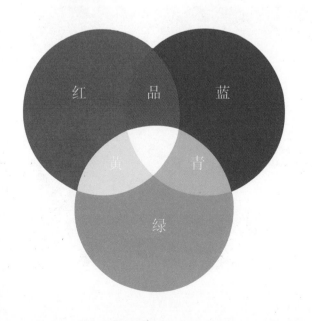

削减型三原色：一般来说以反射光源或颜料着色时所使用的色彩属于"消减型"的原色系统，此系统中包含了黄色、青色、品红3种原色，是另一套"三原色"系统。在传统的颜料着色技术上，通常红、黄、蓝会被视为原色颜料，这种系统较受艺术家的欢迎。

当这3种原色混合时可以产生其他颜色，如黄色与青色混合可以产生绿色，黄色与品红色混合可以产生红色，品红色与青色混合可以产生蓝色。当这3种原色以等比例叠加在一起时，会变成灰色；若将此三原色的饱和度均调至最大并且等量混合时，理论上会呈现黑色，但实际上呈现的是浊褐色。

正因如此，在印刷技术上，人们采用了第4种"原色"——黑色，以弥补三原色之不足。这套原色系统常被称为"CMYK色彩空间"，亦即由青（C）、品红（M）、黄（Y）以及黑（K）所组合出的色彩系统。

在"消减型"系统中，在某颜色中加入白色并不会改变其色相，仅仅是减少了该色的饱和度。

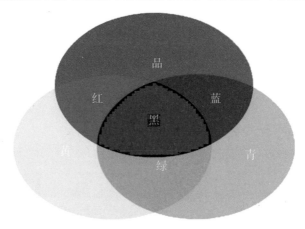

● 间色

间色又称"二次色"。二次色是指在指定的色彩空间，由两种原色混合而成的颜色。如以下几种颜色。

叠加型色彩（RGB）

红色+绿色=黄色

绿色+蓝色=青色

蓝色+红色=紫色

削减型色彩（CMY）

青色+品红色=蓝色

品红色+黄色=红色

黄色+青色=绿色

传统绘画法则（RYB）

红色+黄色=橙色

黄色+蓝色=绿色

蓝色+红色=紫罗兰色

● 复色

用任何两个间色或三个原色混合所得出的颜色称为复色，复色也叫"三次色"。

原色、间色和复色这3类颜色相比较有一个明显的特点，那就是在饱和度上呈现递减关系。也就是说，在饱和度上，通常情况下原色最高，间色次之，复色最低。

4.1.5 色彩的冷暖

● 色彩冷暖变化

色彩本身没有冷暖之分，色彩的冷暖是建立在人生理、心理和生活经验等方面之上的，是对色彩一种感性的认识。一般而言，光源直接照射到物体，其主要受光面相对较明亮，使得物体这部分变为暖色，相对而言没有受光的暗面则变为冷色。

人们由于长期实践而产生的联系，熊熊的篝火一般显示为红色和黄色，所以看到这两种颜色人们就会有温暖的感觉，而冰冷的海水一般是深蓝色，所以这类颜色往往让人们感觉到寒冷。

色彩的冷暖是相对的，如下图是一张偏暖色调的图片，树叶偏黄、偏红的成分相对较多，让人感觉到温暖。

下图是通过减少第1张图片中的红色和黄色等暖色得到的。可以明显感觉到这张图片的色调要比第1张偏冷。在现实生活中这是真实存在的，因为太阳的光照强度在一天的各个时刻是不同的，清晨的光线一般偏冷色，午后和日落前的阳光则偏暖色。

下图是在第2张图片的基础上，不仅减少了红色和黄色等暖色，同时增加了蓝色和绿色等冷色，这时图片的整体色调更加倾向于冷色。在一开始就讲过，色彩的冷暖是相对的，并不是绝对的，在这张图片中，依然会感觉到部分叶子的颜色以及树干表皮的颜色还是接近于暖色的。

● 色彩心理学

色彩在人们长期的社交和欣赏等活动方面一直起着客观上的刺激和象征作用，但在主观上又是一种反应行为，因此色彩心理学应运而生。

一些简单的例子可以更直接地感受颜色带来的种种含义。

绿色：象征自由、朴实、舒适、和平、新鲜、活力、安全和快乐等。

红色：象征自信、权威、性感、热情和危险等。

黄色：象征警告、信心和希望等。

蓝色：象征保守和稳重等。

黑色：象征权威、低调、正式、高雅和冷漠等。

白色：象征纯洁、神圣、善良和开放等。

灰色：象征中庸、稳重和诚恳等。

当然颜色所能代表的含义并不仅仅只有这些，在不同的条件下，同样的颜色也会表达出不同的含义，所以不仅要了解颜色，更要学会如何使用颜色。

4.2 马克笔的笔触详解

下面给大家介绍一些马克笔的笔触，因为笔触是绘画爱好者与行家的一个明显区分点。一个有专业素养的行家会使用一些特殊技法来得到画面的不同效果，使用这些特殊技法会使画面效果更加美观、更加生动且更加合理。希望初学者能很好地掌握这些特殊技法，为以后设计和绘画增加更多可能性。注意本书中所用的马克笔均为Touch二代马克笔。

4.2.1 马克笔笔触特点

扫码看视频

在讲解马克笔的笔触之前，我们先了解一下马克笔的笔头，分为以下4种。

马克笔的笔头粗细、运笔力度与运笔角度都和笔触有着紧密的联系。

第1点：马克笔的宽头一般用于大面积的润色。

第2点：宽头线清晰工整，边缘线明显。

第3点：细笔头表现细节，能画出很细的线，力度大线条粗。

第4点：马克笔侧峰可以画出纤细的线条，力度大线条粗。

第5点：稍加提笔可以让线条变细。

第6点：提笔稍高可以让线条变得更细。

4.2.2 单行摆笔（平移）

● 单行摆笔的特点

　　"摆笔"是在马克笔运用当中最常见的一种笔触，线条简单地平行与垂直排列。线条的交界线是比较明显的，它讲究快、直、稳。初学者开始使用马克笔往往为了直，不管画多长都用尺子，其实这样是不对的。虽然马克笔可以借助尺子画，但在一般情况下是不会用尺子比着画的，因为那样初学者很难熟练地掌握马克笔的运笔和控笔能力。那么一般什么时候用尺子呢？局部相对较远的距离可以用尺子画，这样能得到更好的效果。如比较平直的一条线或一个面并且长度很长，如果中间断开再连接会留下水印导致画面不美观，而且不能画出界，一笔很难拉那么远的距离等特殊的情况下可以借助尺子画。

● 单行摆笔不同方向排列

　　马克笔的横向与竖向排列线条，块面完整，整体感强烈。

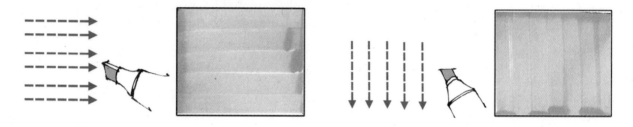

　　通过马克笔的横向与竖向排线，渐变可以产生虚实变化，使画面透气、生动。

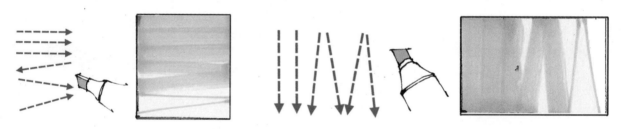

● 单行摆笔的练习方法

　　通过笔触渐变的排线练习可以熟练掌握单行摆笔的上色技巧。这种笔触利用宽头整齐排列宽线条，过渡时利用宽头侧峰或者细头画细线。运笔一气呵成，整体块面效果强烈。

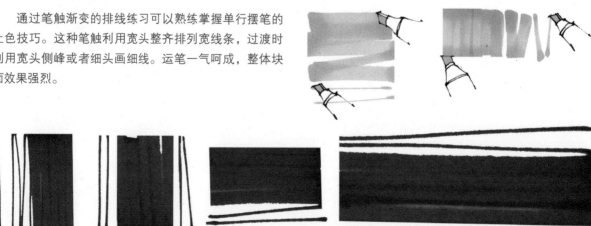

4.2.3 叠加摆笔

● 叠加摆笔的特点

叠加摆笔是通过不同深浅色调的笔触叠加产生丰富的画面色彩的上色方法，这种笔触过渡清晰。为了体现明显的画面对比效果，体现丰富的笔触，我们常常使用几种颜色叠加，这种叠加在同类色中运用得较多。往往在同类色中铺完第一层浅色之后，还会在此基础之上叠加第二层深色调，甚至会根据画面要求叠加第三层。叠加时要注意从浅到深的顺序，每一次叠加的色彩面积应该逐渐减少，切记覆盖掉上一层色调。

若从深到浅过渡，会导致画面出现水印和脏的状况。

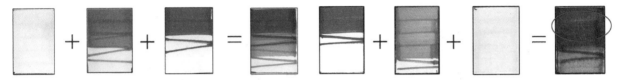

● 叠加摆笔的不同叠加形式

通过不同方向与深浅色调的叠加，尤其是两种颜色的叠加，发现颜色色阶越接近的叠加过渡越自然。暗部叠加过渡时，往往运用色阶较小的两种颜色叠加以及3种同类色叠加，表现出和谐的画面效果。

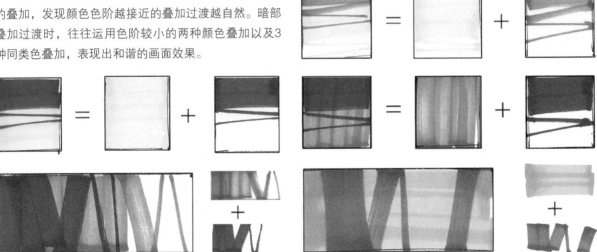

综上所述，马克笔的渐变效果可以产生虚实关系，不同方向的叠加，每一层叠加颜色的色阶小过渡就会相对自然，笔触的渐变会使画面透气、和谐自然。

● 叠加摆笔的练习方法

叠加摆笔可以通过一系列的方体、景观小品、石头和铺装等进行练习，也有利于后续更好地塑造画面效果。

叠加摆笔方体训练

叠加摆笔石头训练

叠加摆笔小品与铺装训练

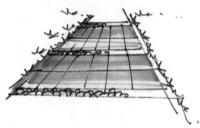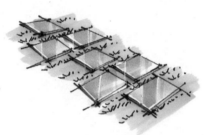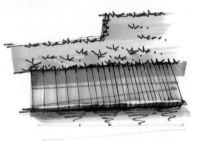

4.2.4 扫笔

● 扫笔笔触的特点

扫笔是一种高级技法，它可以一笔下去画出过渡或深浅，在绘画过程中表现暗部过渡和画面边界过渡时它都形影不离地跟随。扫笔讲究快，用笔时起笔较重，可以理解为没有收笔。收笔笔尖不与纸面接触，是垂直飘在纸面上空的，所以这种笔触也可以理解为过渡笔触。

● 扫笔的不同方向排列

横向排列从左到右　　横向排列从右到左　　　竖向排列从下到上　　　竖向排列从上到下

斜向排列从左上方到右下方　斜向排列从右下方到左上方　斜向排列从左下方到右上方　斜向排列从右上方到左下方

● 扫笔的练习方法

扫笔一般用于画面边缘的过渡。草地边缘的过渡最常见，通过一系列的草地练习可以熟练地掌握扫笔技法。

4.2.5 斜推

● 斜推笔触的特点

斜推是透视图中不可避免的笔触，两条线只要有交点，就会出现菱角斜推的笔触，这种笔触能使画面整齐不出现锯齿。只要画面存在透视关系就会有交叉的区域，这些区域如果用平移的笔触就一定会产生锯齿，所以大家一定要很好地掌握斜推，这是画透视图必备的一种笔触。

● 斜推笔触的练习方法

斜推笔触的最好练习方法是绘制一些不规则的多边角的形状，练习时要注意边角尽量与马克笔的笔面平行，避免边缘出现锯齿，影响画面效果。

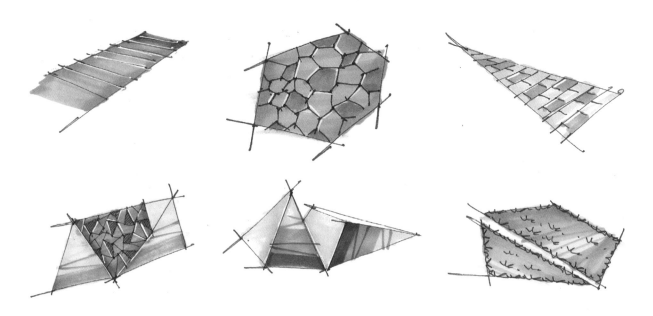

4.2.6 揉笔带点

● 揉笔带点笔触特点

揉笔带点常常运用到树冠、草地、云彩和地毯等景物的绘制中，它讲究柔和且过渡自然。树冠的灰部与暗部的过渡，草地、云彩和地毯的灰暗部过渡都是运用这种笔触。

扫码看视频

揉笔带点草地练习

● 揉笔带点练习方法

揉笔带点的笔触在树冠、草地、云彩上运用得较多，通过一系列的上色练习可以熟练掌握这种笔触。但要注意不要点得太多，避免画面出现凌乱的感觉。

揉笔带点天空练习　　揉笔带点树冠练习

4.2.7 点笔

● 点笔的排线方向

点笔也是表现植物常见的笔触，点笔不以线条为主，而是以笔块为主，在笔法上随意灵活，但要注意整体关系。尤其对初学者来说，边缘线与疏密变化控制不好，容易出现画面凌乱的情况。所以在绘画时要有所控制，不能随意点笔。

● 点笔练习方法

　　点笔一般在表现地被灌木以及树冠时运用得较多，通过一系列此类案例的练习，可熟练掌握点笔技法。

地被与灌木的点笔练习

乔木树冠点笔的练习

4.3 马克笔上色练习

4.3.1 几何形体马克笔上色练习

通过用马克笔表现几何形体的光影与体块，可以很好地培养造型能力、控笔能力并掌握马克笔的一些过渡方式等，画的时候要注意每个转折体面之间的笔触变化，强化形体的转折关系，使物体更具有立体感与厚重感。

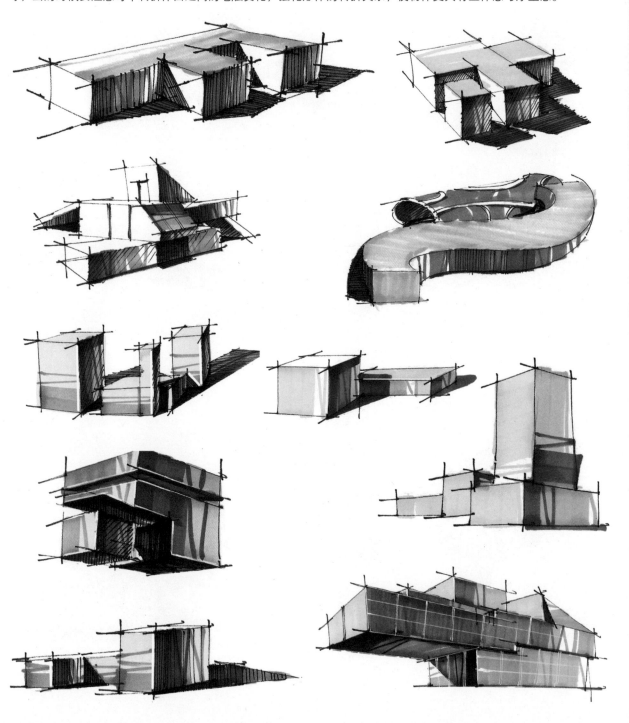

4.3.2 字体马克笔上色练习

　　先简单地介绍一下字体应该怎么画。可以按照平时写字的习惯，先画出平面，然后向下画出字的厚度，最后用排线加强光影体块关系，完成字体的线稿绘画。通过对字体的线稿绘制与明暗关系的加强，更有利于马克笔的后期表现。

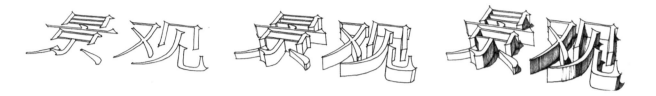

　　字体在景观当中的运用十分广泛，如Logo景墙、景石雕刻字、草坪立体字以及商业广告字体等。在特定的景观设计与写生当中都是不可避免的。通过一系列字体的训练，能更好地为设计服务，不仅对特定或带有字体环境的写生有所帮助，还能锻炼造型能力及对透视的掌控能力。不同字体的练习，是积累素材的一个过程。

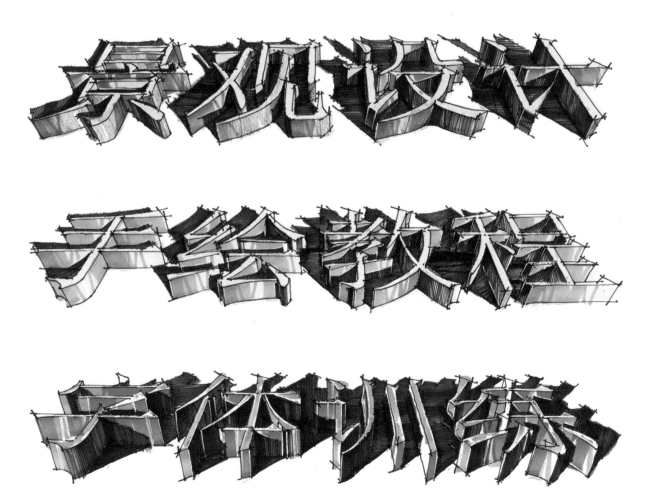

4.4 常用的马克笔配色

马克笔的配色方案多种多样，根据场景而定，下面列举的只是比较常见的一些配色方案，建议初学者不要被常规所束缚，只要色彩倾向是正确的，符合场景整体色调，不突兀即可。色彩本身就是多种多样、千变万化的，注意从来就没有一种唯一正确的色彩搭配，你只有不断地进行改变颜色的试验，才能获得最理想的画面效果。

4.4.1 花卉配色

大部分花卉给人的第一印象是红色，或者偏暖色，但不仅仅只有这些颜色，还有黄色、紫色、白色和粉色等。下面提供几种常见的配色方案以便读者参考。

右图中花卉的配色主要是以暖色Touch21与Touch140为基调，通过周围绿色植物的衬托，主题花卉更加突出。

右图中花卉的配色也是以暖色为主，以Touch9、Touch36和Touch25为基调，相对而言花卉颜色要丰富一些。整体画面颜色过渡和谐、自然，花卉更加生动。

4.4.2 水面、跌水、涌泉与倒影配色

水面、跌水、涌泉与倒影给人第一印象是偏蓝色的，但是受到环境的影响又会呈现出很多不同的颜色。下面介绍几种常见的配色方案，以供大家参考。

右图中的跌水与涌泉的配色，主要是以水的固有色为主，没有过多的环境色，加上冷灰色石头与少量的绿化，画面整体给人一种偏冷的感觉，画面色阶小、过渡自然。

右图中水面和倒影受到周围植物的影响，水面的颜色与环境色结合，使得水面颜色十分丰富，这是绘制水面场景所提倡的一种绘画形式，从整体画面来看偏暖的色调所占的面积要略大些。

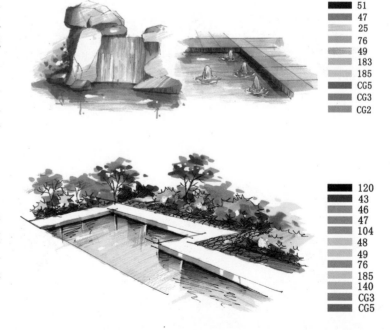

右图中的跌水景观颜色十分丰富，单从配色上来说，冷暖的颜色种类几乎一样，但总体给人一种偏冷的感觉，冷色调的水面占据画面的主导地位。通过木桥、周边的花卉以及植物将众多色彩融为一体。

51 61
69 49
CG5 54
76 25
75 146
185 174
CG3 175
CG1 36
47 97
59 92

4.4.3 石头配色

不同的石头颜色都有所差异，如砂岩、大理石、蘑菇石、河石和鹅卵石等，它们的颜色都是不同的，有的偏暖、有的偏冷。这些石头在具体绘画表现时是偏冷还是偏暖，常常根据画面场景整体配色而定，不能一概而论。下面介绍几种常用的配色方案以供参考。

右图中石头单体颜色主要是以冷灰色为主，总体偏冷，但通过局部的暖色（Touch25）介入，冷暖对比使石头主体更加突出。

120
51
25
174
CG5
CG3
CG2
CG1

右图中主要是以暖色为基调的石头，通过周边绿色植物、草地的衬托和彩铅的过渡，使得画面过渡自然，颜色丰富。石头视觉效果更加凸显。

120
WG7
47
97
146
140
36
13
31
46

右图中的太湖石，在景观设计当中运用得十分广泛，太湖石一般偏冷，石头以冷灰（TouchCG1、TouchCG3和TouchCG4）为主色调。通过石头周边环境色的影响，石头的暗部可以适当地添加些暖色调进去，这种暖色调是以周围植物的颜色为主，这样会使颜色丰富，画面和谐自然，同时亮面与暗面形成强烈的冷暖对比。通过加深太湖石周围植物的暗部层次，拉开植物与太湖石的前后空间关系，突出主体。

120
91
WG7
140
32
48
47
46
43
CG4
CG3
CG1

4.4.4 铺装配色

　　铺装配色源于铺装材质的不同颜色，如防腐木、彩色水泥和石材铺装等。它们的主体色调要以不同的材质而定，但铺装以石材居多。接下来就介绍几种景观当中常见的配色方案，以供大家参考。

　　下面两图以石材为原材料，暖色调（Touch36、Touch140、Touch25、Touch7、Touch97）组合为基调，铺装色调丰富，画面响亮。绿色植物主要是以黄绿色和绿色为主，与铺装的红紫色调颜色互补，对比强烈，主体道路铺装突出。

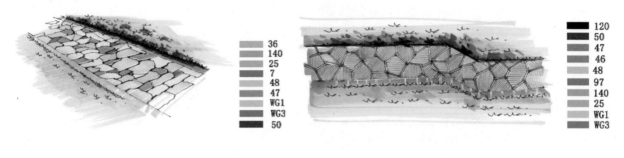

　　右图以比较跳跃的暖色调为主，通过颜色本身的艳丽程度，达到画面视觉冲击力强烈的效果。配色要根据画面的场景而定，场景的不同所采取的配色就会有所差异。建议大家配色要灵活，只要符合场景的需求即可。

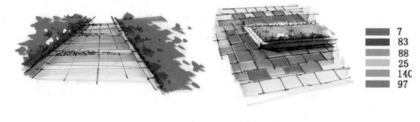

　　右图中的汀步以混凝土为原材料，汀步与鹅卵石均从一致的暖灰色为基调，通过周围环境色的衬托，画面整体给人一种宁静、稳定且不缺变化的感受。

4.4.5 车辆配色

　　根据场景的整体色调不同汽车的配色也多种多样，接下来介绍几种汽车的配色方案以供参考。

　　右图主要是以蓝色为主色调的配色方案，加上对车的挡风玻璃进行冷灰色过渡处理，给人一种稳重的视觉感受。以某种同类色为主的配色，是在车辆受环境色影响较小的情况下采用的一种色彩搭配形式。一般场景当中的车辆颜色要比单体车辆颜色丰富很多。

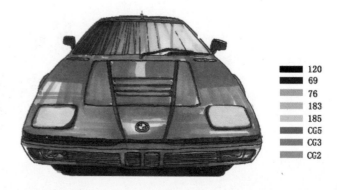

下图色调整体偏红色，以暖色调为主，同时考虑到了周围环境色的影响，这样的颜色搭配比较丰富，视觉冲击力强，给人一种温暖、自信、亲切、活泼的感受。这一类型的色彩搭配在景观设计场景当中很常见。颜色丰富、画面感真实。

下图整体色调接近橙色，加上玻璃车窗的蓝色，画面形成冷暖对比效果。这种色彩搭配给人一种亲切、成熟、开朗、阳光般的温暖感受。

4.4.6 人物配色

人物主要起烘托场景氛围、活跃场景的作用，人物还能起到聚焦画面中心的作用，因此人物的配色就显得十分重要。如我们要用艳丽的色彩聚焦画面主体景观时，常常会在主体景观周围放几组人物。人物夸张的造型与鲜亮的颜色，让主题更加鲜明。接下来介绍几种常用的配色方案以供参考。

右图中的人物配色主要是以明度较高的颜色搭配为主。通过冷暖的对比，能更好地在场景当中起到活跃画面氛围的作用。

下图以暖灰色为主，并用两到三种鲜亮的颜色加以搭配，使得画面稳重且具有活力。这是景观设计灰调子场景中常见的人物配色方案。

下图采用同类色在不同人物服饰上复制的配色方法，使画面左右颜色均衡与和谐。在动态的场景中寻求和谐稳定，使得人物组合趣味横生。

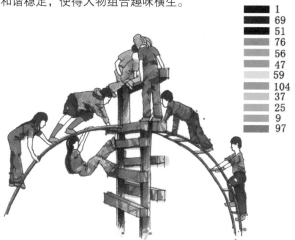

4.5 彩铅的笔触与上色

　　彩铅是非常容易使用与学习的工具，本身没有什么高深的技法可言，一般笔触排列有方向、有秩序、不腻且统一不凌乱即可。彩铅与马克笔结合在景观手绘当中运用得十分广泛。能帮助马克笔解决过渡色阶大，画面环境色不丰富以及过渡等问题。

4.5.1　单色彩铅笔触讲解

扫码看视频

● 单色彩铅的不同方向排线练习

　　通过不同方向的排线，掌握绘画线条的力度与排线速度，能更好地绘制出虚实和粗细不同的线条，便于后期画面的塑造。

| 横向排线 | 先用较大力度与慢的速度排线 | 减轻力度加快速度排线 | 竖向排线 | 先用较大力度与慢的速度排线 | 减轻力度加快速度排线 |

| 斜向排线1 | 先用较大的力度与慢的速度排线 | 减轻力度加快速度排线 | 斜向排线2 | 先用较大力度与慢的速度排线 | 减轻力度加快速度排线 |

● 单色彩铅渐变过渡练习

　　线条的渐变与过渡有很多不同的表现形式，根据排线方向的不同，渐变与过渡的方式就更加繁多。接下来以竖向排线的过渡与渐变为例，具体讲解渐变与过渡的形式。

从左到右的渐变与过渡

从中间向两侧渐变与过渡

 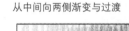

从两侧向中间渐变与过渡

从右到左的渐变与过渡

4.5.2　多色彩铅笔触讲解

● 多色彩铅组合的不同方向排线练习

　　多色彩铅组合的不同方向的排线，会使画面颜色更加丰富。但颜色画得过多，叠加的次数越多，用力越大也会导致画面出现脏、腻的问题。建议彩铅的颜色叠加最好不要超过3种，用力要适度。同时要注意尽量避免两组交叉排线呈现十字形，除非画一些特定的花纹和材质纹理时才可以采用这种排线方式。

横向交叉排线　　先用较大的力度与慢的速度排线　　减轻力度加快速度排线

向交叉排线　先用较大的力度与慢的速度排线　减轻力度加快速度排线　三组重叠交叉排线　先用较大的力度与慢的速度排线　减轻力度加快速度排线

● 多色彩铅渐变过渡练习

　　多色彩铅渐变与过渡和单色的相似，根据排线方向的不同，渐变与过渡的方式也很多。接下来也以竖向排线的过渡与渐变为例，具体讲解渐变与过渡的形式。多色的渐变与过渡，通常情况下以不同色彩的排线组合而成。不仅有排线的疏密对比，还有色彩本身明度、纯度和色相进行区分，达到过渡与渐变的效果。

从两侧向中间渐变与过渡

从中间向两侧渐变与过渡　　　　　　　　　　　　　　从左到右渐变与过渡

从右到左渐变与过渡

扫码看视频

4.5.3 彩铅的上色训练方法

　　彩铅一般用来表现树冠色阶的过渡色、天空的颜色、玻璃的颜色、小品铺装的颜色及其环境色等，运用范围广泛。彩铅通常与马克笔结合表现得比较多。彩铅的训练要注意笔触的整体统一，有方向、有秩序、不凌乱。

几种彩铅组合的天空训练　　　　　　　　　　　　　　几种彩铅组合的水面训练

彩铅与马克笔组合的水面训练

几种不同彩铅地面铺装的训练

植物树冠彩铅色阶过渡训练

彩铅在玻璃上的训练

4.6 彩铅与马克笔结合上色训练

4.6.1 彩铅与马克笔结合笔触表现

在绘制效果图时，可以通过马克笔留出些空白，运用彩铅衔接过渡，这样可以柔化马克笔的笔触，同时也可以让画面颜色更加丰富。彩铅排线要快速、线条明显、力度合适。接下来展示彩铅与马克笔结合的笔触。

4.6.2 马克笔与彩铅常见错误笔触总结

第1种：运笔速度慢，笔触不明显且颜色深。

第2种：犹豫不定衔接频繁，线条琐碎。

第3种：叠加没有笔触过渡，衔接生硬。

第4种：笔没有完全压在纸上，线条残缺。

第5种：太强调过渡，画面琐碎。

第6种：十字交叉线条太过明显，应适当做调整。

第7种：叠加次数过多且十字交叉。

第8种：线条感觉无力且间距过大。

第9种：排线太过随意，笔触混乱且叠加次数过多。

第10种：彩铅线条不明显，应削尖铅笔。

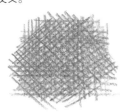

　　通过上述马克笔与彩铅的十大错误笔触的展示，作为警示以防后期在绘制效果图时出现此类状况。同时通过一系列相关的案例，多加练习马克笔与彩铅的笔法技巧，便于绘制出高质量的景观设计效果图。

4.6.3　彩铅与马克笔结合训练方法

　　彩铅与马克笔的训练方法与形式多种多样，如下图可以将彩铅与马克笔结合运用到墙体、树冠、花卉、铺装和草地等。彩铅能很好地控制画面，协助马克笔丰富画面的环境色、固有色与同类色。彩铅与马克笔的结合运用，也是景观手绘效果图中最常见的表现方式。很好地掌握彩铅与马克笔结合运用的方法，能帮助我们在后期更好地绘制景观手绘效果图。

4.7 上色综合表现

马克笔的表现风格体现在用笔的狂野、谨慎、色彩的变化以及色彩的差异等方面。马克笔的不同表现形式所呈现出来的笔触差异会带给人不同的视觉印象。

4.7.1 风格一

（1）画出大的透视线，定好景物的位置，并给配景预留出足够的空间，有利于上色时烘托主体景物。

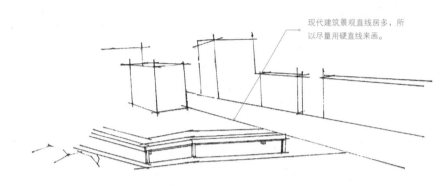

现代建筑景观直线居多，所以尽量用硬直线来画。

（2）画出前景的景物，如椰子树、石头、部分水生植物，以及在景观当中起主导作用的乔灌木的树干等。

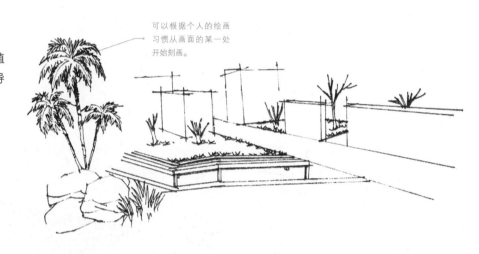

可以根据个人的绘画习惯从画面的某一处开始刻画。

（3）画出最吸引人们视线的景观，如流水孔和人工湖表面上的荷叶以及椰子树周围的灌木和芭蕉等。

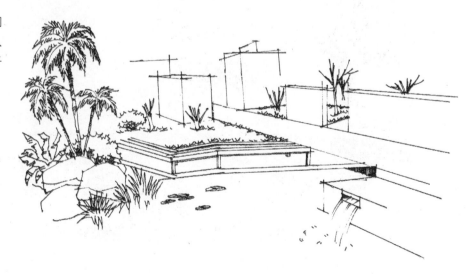

（4）调整画面的节奏并画出树冠，然后加强前景的明暗关系，注意局部景观的合理调整。

通过观察可以发现流水口与小桥之间过渡生硬，所以可以添加水生植物，如菖蒲和梭鱼草等，使得画面过渡自然。

（5）调整画面关系，在景观基本的分布、位置和大小都基本完成的情况下，注意景物的过渡和强化。

（6）用Touch48、Touch56、Touch50、Touch185和TouchCG2画出椰子树、雪松、乔木、水、石头和远景房子背光的第一遍颜色，确定大色调。

远景树木尽量表现得简单一些，用Touch50一步绘画完成即可。

这种风格是按部就班地上色，一步步达到想要画出的效果。

（7）用Touch47加深树木的固有色，然后用touchCG4加强石头和房子的背光，接着用Touch36画出地面铺装，最后用Touch9画出花卉固有色渲染画面效果。

椰子树上色，要注意保留第一遍色调。

通向小区的地面铺装暗部与景墙的暗部色调，与亮部水面形成鲜明的明暗对比。

（8）用Touch185画出天空，并结合彩铅使蓝天过渡自然，然后用Touch54加深乔木的暗部，塑造体积感。再用Touch47加深水生植物，接着用TouchWG5加深石头和建筑背光，并用土黄色的彩铅画出景墙的固有色，最后用Touch103加深地面铺装的色调，用Touch97加强木桥的固有色，用Touch84加强花卉的暗部，使画面光感强烈，物体体积感强烈。

小区中心景观的色彩明度应该响亮，突出中心景观的视觉效果。用土黄色彩铅画出景墙的固有色。

（9）整体调整画面，使画面的明暗关系准确。

关键是调整细节，如树干和树枝的高光处理，受光面的有无和受光面的大小都应考虑。

中心景观运用色彩纯度较高的亮色调Touch91来加强，通过与绿色植物对比，突出中心景观花卉与小桥。

（10）调整画面，从景观元素的明暗和细节着手，慢慢收尾，如云彩、水面和树冠用马克笔和彩铅进一步过渡使得画面自然。

为了突出中心景观前水景，小桥下的水景局部色调用Touch62结合蓝色、紫色和绿色彩铅加强水面暗部。

TIPS

用彩铅作画时要把笔削尖，画出细细的线条，不要画得过多，否则容易画腻。

4.7.2　风格二

（1）用曲线画出景观的基本结构层次，如树、绿篱和水景，这三者将把整幅画面分为三个部分。

先确定好画面的组成部分，然后把中景的铺装画出来，以便下一步作画时对整体画面有个比较。

飘逸的线稿往往能看出色稿的风格，这幅画是自由、洒脱、大气的风格。

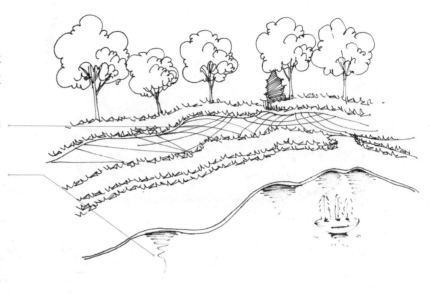

（2）先画出远景小灌木的轮廓，然后画出前景的铺装，并确定好铺装的透视线，注意近大远小的关系。

在这幅画中前景水池中的小喷泉起到了很大的作用，它使得画面均衡，所以一开始就把它画上了，细节决定成败。

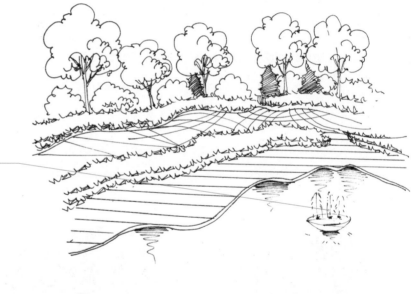

（3）加强前景和明暗关系，使画面的透视感强烈一些，然后画出绿篱的暗部，使得画面节奏感强烈，更有利于上色时体现景物的明暗关系。

（4）调整画面，加强画面的明暗关系，并适当地调整景物的分配比例。

从上下两张步骤图来看，加强明暗关系使主体突出会让画面更有远深感，透视感也会相对强烈一些，这就是突出主体的好处。

（5）用Touch48画出树冠，然后用Touch58画出绿篱的亮色调，并用Touch55刻画远景灌木球的亮色调，接着用Touch47画出雪松，再用Touch9画出前景绿篱的色调和花卉亮色调，最后用Touch185画出水的第一遍颜色。

这种是马克笔与彩铅结合表现的风格，而彩铅在整个画面中起到举足轻重的作用。

（6）画出铺装的颜色，添加水中的环境色和水生植物等，进一步渲染效果。

由于铺装在画面中所占的面积相对较大，因此画铺装时尽量做到让色彩丰富。

水上的倒影也用原有的物体固有色添加上，建议这样的环境色初学者用彩铅画，会比较好控制画面。

（7）统一画面，然后
刻画出前景中的水景。

可以用卫生纸把比较毛糙的彩铅线条
擦拭柔和些，不过这样一来会发现画
面有些平淡，可以用橡皮局部提亮或
者加强前景的明度对比。

（8）强化前景水景，调整画面，并着重加强前景铺装、水景及水景植物的刻画，达到前后虚实关系较为适合的
效果。

4.7.3 风格三

范例一

（1）绘制出银海枣的基本结构，并用Touch120加强它的明暗关系，使其成为参照物。

注意银海枣在整个画面中的位置确定。

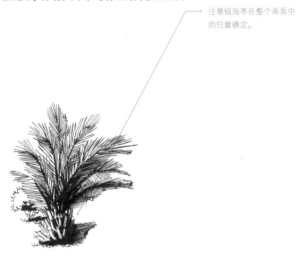

（2）绘制出前景高大的乔木轮廓和灌木地被，然后用抖线初步确定好它们的明暗关系，并用Touch120强化光影效果。

（3）画出前景灌木球与地被植物，并用抖线初步确定灌木球的明暗关系，然后用Touch120加强它们的明暗关系。

（4）绘制出建筑的基本结构，并用Touch120加强明暗关系，然后调整画面细节。

处于前景的苏铁，在画叶片时要使用马克笔的宽头侧锋，从叶片的顶端向叶片底部（生长出叶片的地方与枝连接处）画，这样有力地填补了叶片与叶片之间的空隙。

（5）用Touch48画出乔木、银海枣、灌木球和地被的亮部，然后用Touch9画出紫叶小檗的亮部，接着用Touch46画出过渡色，最后用Touch185画出玻璃的第一遍颜色。

（6）用Touch55和Touch58加强乔木的过渡色，然后用Touch76加强玻璃的颜色，再用彩铅画上环境色，接着用Touch84加强紫叶小檗的暗部，最后用Touch97完成树干的上色。

（7）用彩铅过渡使得画面更加自然，画面效果更加和谐，然后用修正液或者提白笔提出树冠、灌木及树干的亮部，达到理想的画面效果。

● TIPS ●

画玻璃时应该注意周围环境色在玻璃上的反映，在画面效果处理时一定要表现出来。

范例二

（1）绘制出景观小品陶罐的基本结构和陶罐中的植物穿插结构，然后并用Touch120加强它们的明暗关系。

（2）绘制出陶罐的底座、底座下的地被植物以及陶罐后的绿篱，然后画出道路铺装，接着用Touch120加强它们的明暗关系。

（3）画出陶罐右侧的灌木轮廓，然后用Touch120画出灌木的明暗关系，并统一画面节奏。

（4）画出中景乔灌木的轮廓，然后用抖线初步确定它们的明暗关系，并用Touch120加强它们的明暗关系。

（5）绘制出建筑物的结构线，然后用Touch120加强建筑的背光面。

景观小品罐子及罐子内的植物作为主景，而建筑、乔灌木作为中景，远景是些低矮的小灌木。

（6）用Touch46画出绿色乔木、灌木和地被的第一遍颜色，然后用彩铅完成铺装的上色，接着用Touch97画出画面中心的灌木，最后用Touch9画出花卉的颜色。

（7）用Touch55和Touch46画出绿色乔灌木的暗部颜色及过渡色，然后用TouchCG2和TouchCG4画出建筑的颜色，接着用Touch97和Touch94画出地面的铺装和树干的颜色。

（8）用彩铅过渡使得画面效果更加和谐、自然，然后用修正液或者提白笔提出树冠、灌木及树干的亮部。

◇ TIPS ◇

远景的树可以用马克笔灰色系列直接画出来，更能体现前后的空间感。

第 5 章

不同景观材质的表现

● 石材材质 ● 瓦面材质 ● 木材材质 ● 玻璃材质 ● 布艺材质

5.1 石材材质

石材是景观设计中经常使用的一种材料，大致可以分为天然石材和人造石材两种，通常用于墙面和地面铺装等。

天然石材包括： 光面天然石材、锈石、文化石、大理石、砂岩、毛石、卵石和河石等。

人造石材包括： 人造亚克力石、蘑菇石、清水砖和红砖等。

在景观效果图手绘中，想要画好不同石材的质感需要先对每种石材的特点进行了解，根据不同石材的质感特点运用不同的绘制方法以达到最佳的表现效果。

5.1.1 光面天然石材

扫码看视频

光面石材质地坚硬，有光滑的表面，纹理变化多样，亮面高光较为明显，暗部变化较多。

● 范例一

（1）绘制出墙面石材中几块相对突出的石材，使其成为参照物。

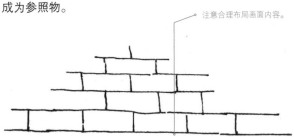
注意合理布局画面内容。

（2）绘制石材纹理，注意控制力度，不要画得太深太死。

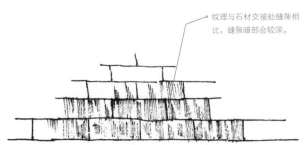
纹理与石材交接处缝隙相比，缝隙暗部会较深。

（3）整体刻画石材纹理，使得画面相对完整。

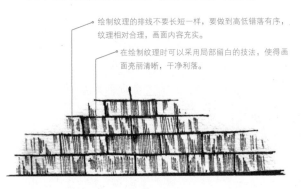
绘制纹理的排线不要长短一样，要做到高低错落有序，纹理相对合理，画面内容充实。

在绘制纹理时可以采用局部留白的技法，使得画面亮丽清晰，干净利落。

（4）深入刻画石材墙面的纹理，塑造光影效果，使得光影合理正确。

注意调整画面细节，完成线稿的绘制。

（5）用Touchouch36画出石材的亮部色彩，奠定基调。

（6）用TouchouchCG2画出墙面石材的固有色，然后用提白笔提出局部的亮色调。

（7）用TouchouchGG5画出石材的局部暗色调，并加强画面的明暗色调对比关系。

（8）用土黄色彩铅过渡画面色彩，使得画面色彩自然、丰富、和谐。

● 范例二

（1）合理绘制出墙面石材中几块相对突出的石材，使其成为参照物。

（2）向四周扩大范围绘制石材，做到线条清晰，布局合理。

作画时不要把每块石材都画得大小一样，应该做到大小各异，有变化。

有些石材与石材的交接处应适当地留出空间。

（3）绘制出墙面与地面交接石材的大小，并继续向四周展开绘制石材墙面。

（4）向上过渡石材墙面，使得画面中心明确，过渡自然。

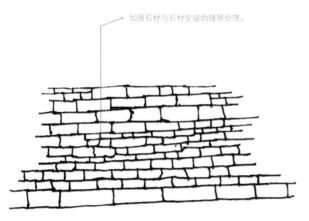

加强石材与石材交接的缝隙处理。

（5）完善石材墙面的铺装绘画，并细致刻画石材铺装之间的衔接间隙，拉开石材铺装的前后关系。

（6）刻画石材墙面的主体，使其在画面中突出。

注意石材纹理质感的表现。

（7）运用排线的方式处理好石头墙面的过渡，突出视觉中心主题石头墙面，使画面明暗层次统一。

（8）细化石材墙面主体的刻画，并向周围扩散，绘制出阴影，表现出大体的明暗光影关系。

注意石材不同纹理的用笔表现。

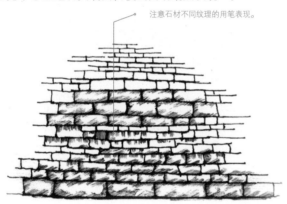

（9）加强主体石材墙面的刻画和阴影关系，做到画面光影效果明确。

（10）向上边、左边、右边过渡，然后加强石材墙面纹理的绘制，使其自然和谐。

（11）处理好阴影与石材交接缝隙的明暗关系，使其画面光影合理明确。

（12）过渡石材墙面的明暗，并局部调整画面。

调整后的画面应该过渡自然，内容有中心、有重心、不偏移、不膨胀和不浓缩等。

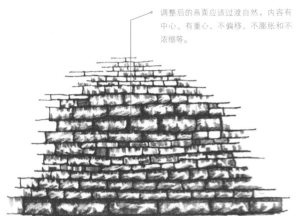

（13）用Touchouch36画出石头的亮暗部色调，注意局部留白，使得画面色调亮丽明快。

（14）用TouchouchCG2画出石头的明暗交界线和固有色，然后加强石材质感的表现。

（15）用Touchouch35画出局部石材的颜色，突出不同色彩的石材。

（16）用橘黄色彩铅过渡，使得石材与石材颜色过渡自然，画面和谐。

● 范例三

（1）用硬直线画出石材墙面突出的部分，作为画面的参照物。

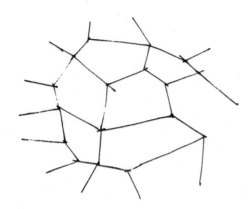

（2）画出墙面与地面的交接线，并向四周扩散绘制墙面石材。

在绘制时用线要肯定，线条要流畅。

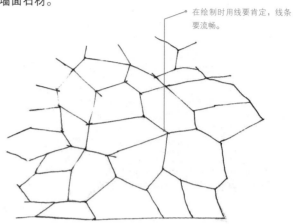

（3）处理好石材与石材的交接处，保持画面的干净利索。

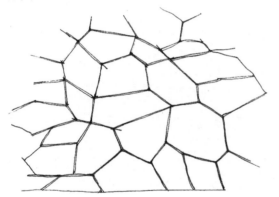

（4）刻画石材与石材交接处缝隙，使石材形状明确，画面对比强烈。

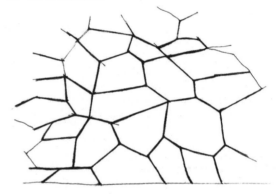

（5）绘制主体墙面石材的纹理。

绘制纹理时不要出现过多重复和重叠的线条，使墙面纹理清晰，画面干净。

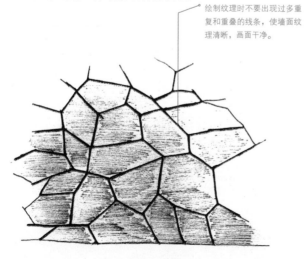

（6）刻画墙面石材与地面交接处的纹理。

从下往上刻画纹理。

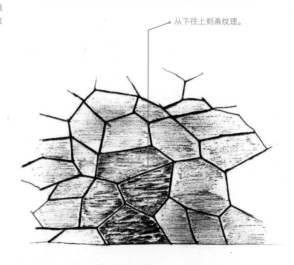

（7）刻画向四周过渡的墙面石材纹理，使得画面相对完整。

（8）深入刻画墙面石材纹理。

在刻画纹理时采用从左至右、从上到下的顺序。

排线交接处要做到自然。

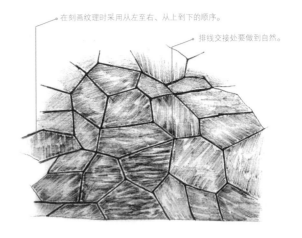

（9）整体调整画面，使画面过渡自然且明暗关系明确。

注意石材墙面每一块石材的亮部与暗部都有所差异，切记不要画得过于平均。

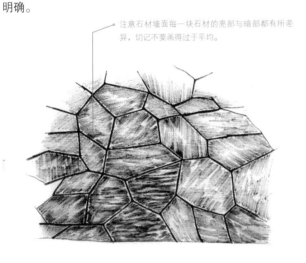

（10）用TouchCG2和Touch36画出石材墙面的固有色，然后用中黄彩铅画出过渡色调，接着用TouchCG4画出墙面石材与地面的交界。

（11）用Touch35画出石材偏暖的色调，丰富画面色彩关系。

（12）用橘黄色彩铅过渡画面色彩。使得画面色彩之间过渡自然和谐，达到最佳画面效果。

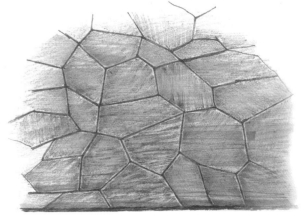

5.1.2 锈石墙面

　　锈石是花岗岩的一种，锈石主要以无臭点、无黑斑、多锈点和锈点清晰为质量上乘，优质的光面黄锈石被界内认为是外墙干挂的首选石种，烧面和荔枝面所加工成的地铺石和景观石是景观设计师喜爱的选择。锈石的台面板磨光后颜色显得尤为美观。

　　（1）排列好墙面基本形态，注意空间分布。

　　（2）加强主体石材的阴影，使主体石材突出。

注意石材与石材之间交接缝隙的位置及大小。准确地画出石头的具体造型。

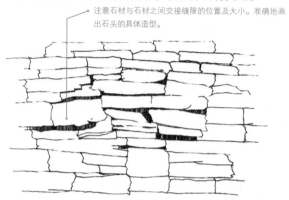

　　（3）加强石材的阴影关系，由主体向四周扩展，使画面相对完整。

调整石材与石材之间交接缝隙的大小及明暗深浅层次。

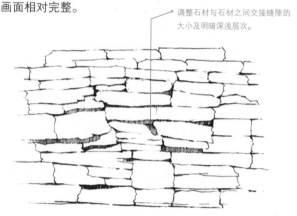

　　（4）刻画主体石材的凹凸纹理，并加强主体石材的明暗关系。

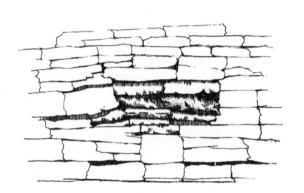

　　（5）以主体石材的纹理为基础向四周扩散，加强石材的质感和凹凸纹理，使得画面相对充实。

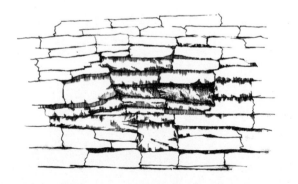

　　（6）明确石材墙面与地面交接石材的凹凸纹理。

采用由左至右、由下到上的顺序刻画石材的凹凸纹理，塑造石材的质感。

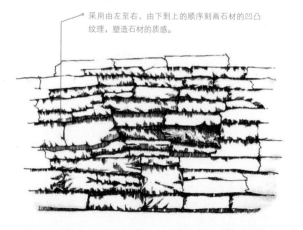

（7）明确交代完石材墙面与地面交接石材大体的凹凸纹理后，把焦点转移到右侧刻画，使画面整体统一。

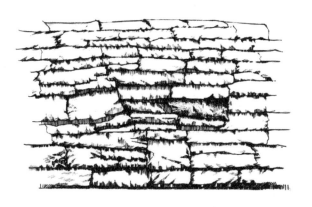

（8）加强主体石材的细节刻画。

刻画主体石材时，一定要慎重用笔和排线。明确画面中心石材刻画的深入程度，使其主体石材成为参照物。

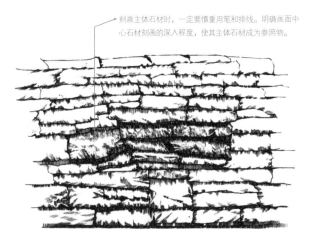

（9）以主题石材的细节刻画为基础，向四周扩散刻画其他石材的细节。

用细腻的线条具体塑造石材的形状、凹凸纹理及大小位置。

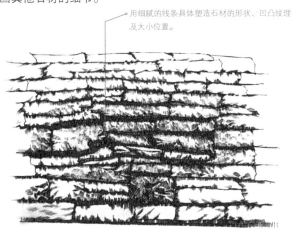

（10）刻画局部过渡颜色，使得画面和谐自然，富有感染力。

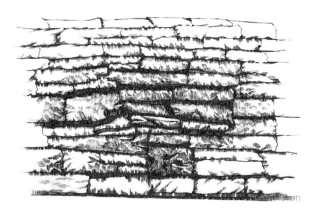

（11）着重刻画墙面与地面交接石材的纹理并向右延伸，让墙面与地面区分明确，画面整体统一，画面细节刻画也要细致。

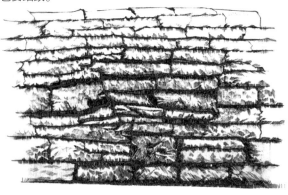

（12）调整画面及过渡画面的黑白灰层次，使画面统一，明暗关系明确，过渡和谐自然。

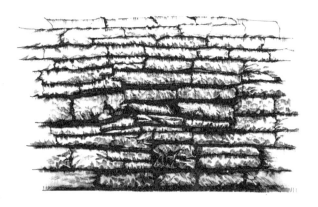

（13）用Touch36和黄色彩铅
画出石材的亮部。

注意彩铅和Touch36颜色的结合。

（14）用TouchWG2和Touch4画
出石材的固有色，使得画面明暗关系
准确。

局部深颜色用WG4刻画。

（15）用彩铅过渡，使颜色过
渡自然，画面效果俱佳方可。

 TIPS

　　墙面石材的刻画要注意墙面与
地面交界线的位置及明暗程度。

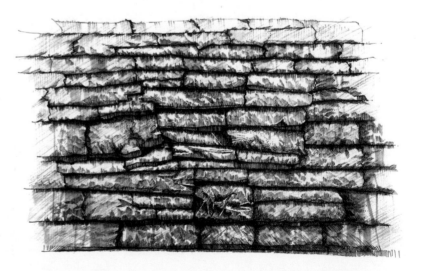

5.1.3 文化石板岩

板岩拥有一种特殊的层状板理，它的纹面清晰如画，质地细腻密致，大自然的沧海桑田跃然石上，表达出一种返璞归真的情绪。

（1）确定好文化石板岩的基本排列形态。

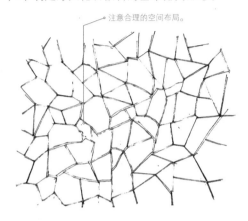

注意合理的空间布局。

（2）处理好板岩与板岩之间交接缝隙的明暗关系，使它们之间界限分明。

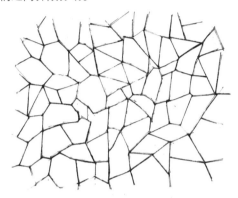

（3）从中心板岩开始深入刻画，使其成为参照物。

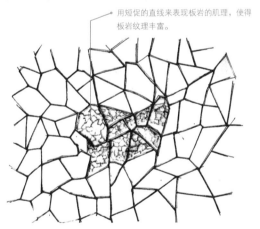

用短促的直线来表现板岩的肌理，使得板岩纹理丰富。

（4）从中心板岩向四周扩散刻画，使得画面板岩肌理丰富，过渡和谐自然。

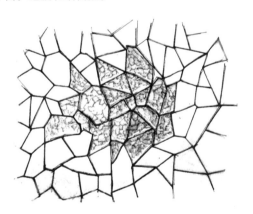

（5）调整画面，使得画面过渡自然，明暗光影关系明确。

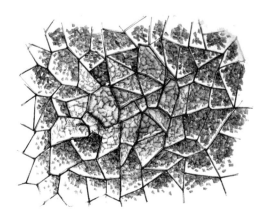

（6）用黄色彩铅画出文化石板岩的亮部色调，奠定画面的基调。

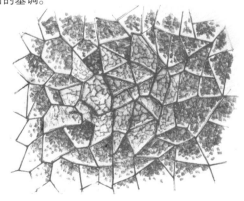

（7）用Touch36和Touch97进行铺色，注意保留亮面的高光部分，然后用褐色的彩铅对周边的颜色进行处理，局部可以使用清晰的线条加强质感。

（8）用暖色彩铅整体调整画面的色彩氛围，达到理想的画面效果。

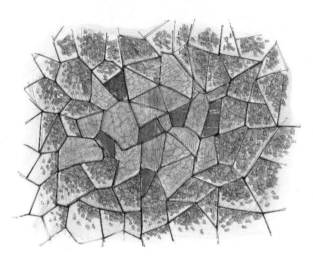
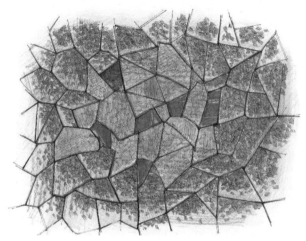

5.1.4 大理石墙面

大理石指产于云南大理的白色但带有黑色花纹的石灰岩，剖面可以形成一幅天然的水墨山水画，大理石的表面较为光滑，绘制效果图时要注意亮面的处理。

● 范例一

（1）绘制出大体的墙面布局。

（2）强调明暗衔接关系，区分墙面的体块关系。

（3）用点的形式细化大理石的质感，画出大理石的表面纹路。

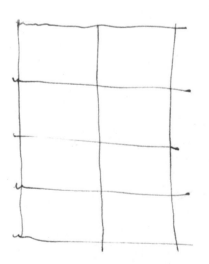

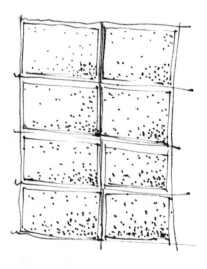

（4）用快速的甩线画出大理石亮面的高光位置。

（5）用深灰色马克笔强调暗部阴影，然后用浅灰色马克笔铺画整体颜色，注意留出高光位置。

（6）用深灰色彩铅强调明暗关系，然后用湖蓝色和浅紫色彩铅丰富画面色彩。

位于最下方的两块大理石作为暗部，不需要画出高光线。

浅灰色的马克笔如Touch BG3。

深灰色的马克笔如Touch WG7。

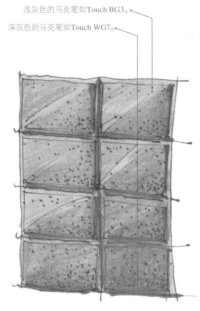

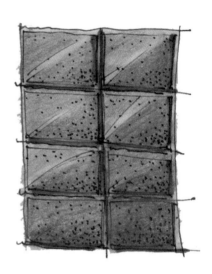

● 范例二

（1）绘制出大体的墙面布局。

（2）画出其中几块大理石的纹理，使其成为参照物。

（3）向下刻画出另外两块大理石的纹理。

大理石的纹理运用点的表现形式刻画。

注意纹理的排列应该有疏有密。

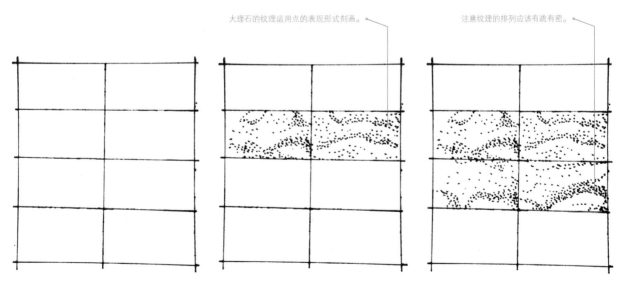

（4）依次向下刻画出另外两块大理石的纹理。

（5）绘制出最上面的两块大理石材的纹理。

（6）用Touch36画出大理石的亮部色调。

注意大理石石材纹理的交接，应该做到自然有延续性。

点的表现很好地将每块石材纹理进行衔接。

这一步上色要大胆快速，运用平移带线的笔触来完成。

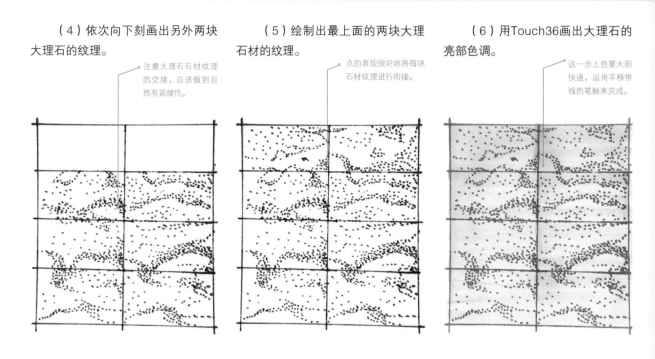

（7）运用TouchWG4完成石材的固有色，加强石材的质感。

（8）用TouchWG4平整画面，使得画面整体色调和谐，然后用提白笔提出高光。

注意过渡，局部需要保留第一遍色彩。

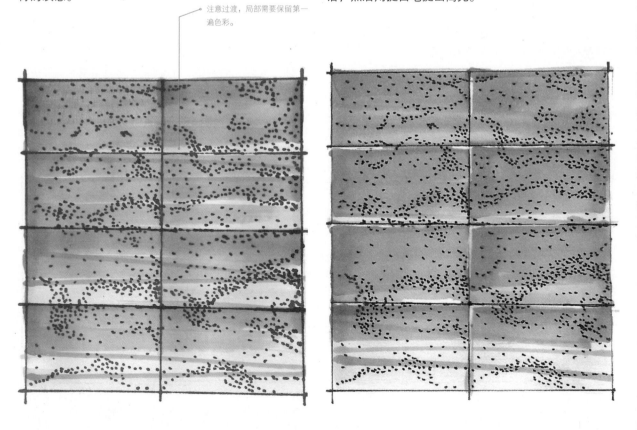

5.1.5 砂岩墙面

砂岩是由石英颗粒胶结起来的岩石，通常呈现淡褐色或者浅红色，未经打磨的砂岩墙面通常反光并不强烈，因此在手绘效果图中可以用细密的点来表现砂岩的表面质感。

（1）画出墙面基本布局。　注意留出每块石材之间的间隙。

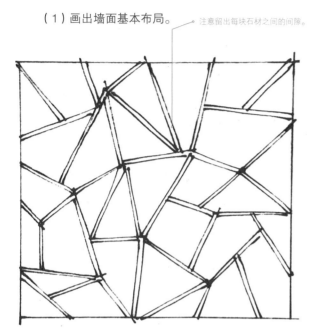

（2）根据砂岩的特质，用点的形式表现砂岩表面粗糙的质感。

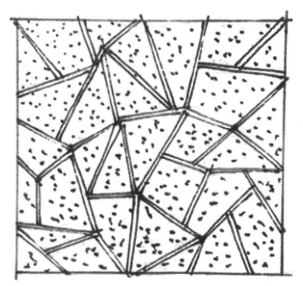

（3）用如TouchBG3（中灰度的马克笔）强调间隙处的明暗关系。

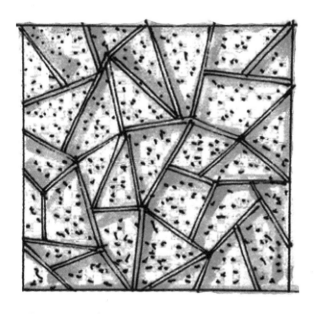

（4）根据砂岩的特质，用浅棕色的彩铅大面积上色，然后用中黄色彩铅进行局部提亮。

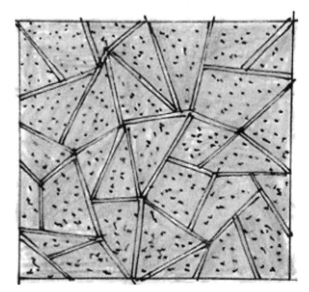

◦ TIPS ◦

砂岩整体色调偏暖，在上色时要以暖色为主。

5.1.6 毛石墙面

毛石是不成形的石料，处于开采以后的自然状态。它是岩石经爆破后所得的形状不规则的石块，形状不规则的称为乱毛石，有两个大致平行面的称为平毛石。在景观手绘中我们要刻意表现出毛石表面粗糙未经处理的质感。

（1）画出墙面基本布局。

根据毛石表面凹凸不平的特点，可以在部分石块的表面添加暗面的结构线。

注意留出每块石材之间的间隙。

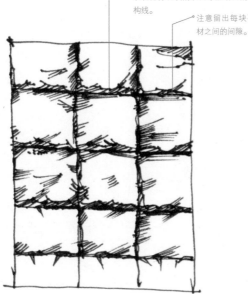

（2）用Touch CG5画出暗部的色块，用笔要肯定，部分亮面可以用细线进行区分。

（3）用Touch WG3在原有的冷灰色基础上添加暖灰色调，注意留出部分亮面。

（4）使用深棕色彩铅对暗面铺色，画出体积感，然后使用湖蓝色彩铅对亮面进行局部调色，使色调冷暖平衡，接着用稍亮一些的棕黄色彩铅对亮面，特别是石块上突出的部分提亮。

由于毛石本身的特质，因此并不需要留出完全的白色进行提亮，要注意保持其表面较为粗糙的特质。

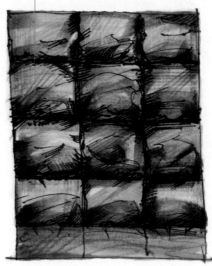

TIPS

刻画毛石时注意石头表面的纹理凹凸变化。

5.1.7 蘑菇石

　　蘑菇石因凸出的装饰面如同蘑菇而得名，也有人叫其馒头石。主要用于公共建筑、别墅、庭院、公园、游泳池和宾馆的外墙面的装饰上，更适应于欧式别墅建筑的外墙装饰。蘑菇石将给您带来一个自然、优雅、返璞归真的美好环境。

　　（1）画出墙面的基本布局。

　　（2）细致刻画出一两块蘑菇石，使其成为参照物。

　　（3）依据参照物向右及向下刻画出蘑菇石的凹凸的纹理结构。

注意每块石材之间用直线区分开。

根据蘑菇石表面凹凸不平的特点，可以在部分石块的表面添加暗面的结构线。

用统一的线条排列画出阴影。

注意暗部阴影的刻画，做到透气。

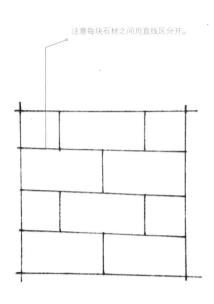
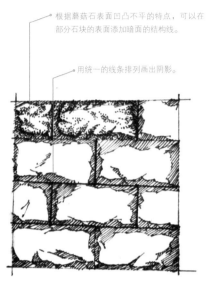
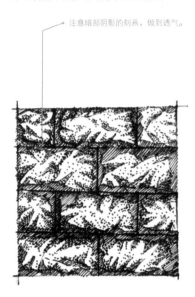

　　（4）用黄色和褐色彩铅画出蘑菇石的亮部色彩，奠定基调。

　　（5）用TouchWG3画出蘑菇石的固有色调，并加强石材质感的表现。

　　（6）用Touch32画出蘑菇石较暖的色调，丰富石材色彩质感。

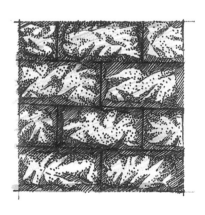
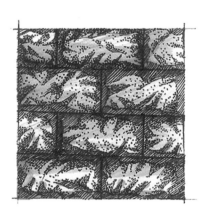
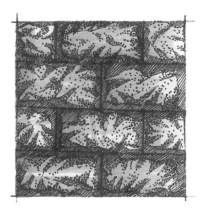

◦ TIPS ◦

　　刻画蘑菇石的凹凸纹理时，排线一定要有条理，线条排列的方向尽量一致。

5.1.8 清水砖面

　　用于建筑物墙体砌筑与饰面的砖块是清水砖，它包括长方体的标准砖块和配套的异形砖，有多种饰面效果。清水砖要求具有良好的保温、隔热、隔音、防水、抗冻、不变色、耐久和环保无放射性等优良品质，产品一般设计成多孔的结构形式。清水砖的颜色常常为冷灰色，偏蓝，铺装形式常为规则排列。

　　（1）画出清水砖墙面的基本布局。

注意留出每块砖之间的间隙。

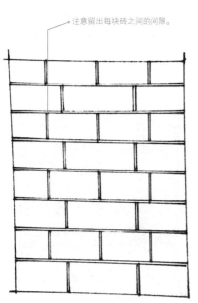

　　（2）用TouchBG3画出清水砖面的色调。

采用扫笔技法，画出清水砖表面的粗糙质感。

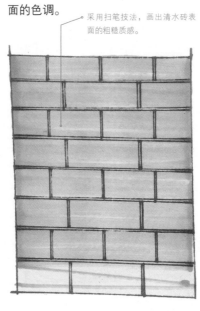

　　（3）用TouchWG8画出砖之间缝隙的暗部，做到画面有深有浅，表现出砖的体积感。

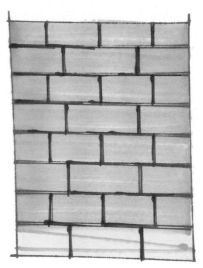

　　（4）用TouchBG5加深砖的固有色，做到画面过渡自然。

注意保留第一遍颜色。

　　（5）用提白笔提出高光，并用钢笔加强清水砖的纹理小孔的刻画，用点来表示小孔的疏密。

5.1.9　人造亚克力石

人造亚克力石是一种新型材质，它最大的特点就是色彩丰富，因为完全是人造的材料，所以亚克力可以根据实际施工要求选择各种色彩和铺装形式，常以小块的形式出现并通过有序排列布置出各种图案。

（1）画出纯亚克力人造石的基本轮廓。

（2）绘制出纯亚克力人造石的基本布局，并分出每块人造亚克力石的大小体块。

（3）绘画出人造亚克力石材的纹理，掌握好每一种人造石纹理的疏密关系。

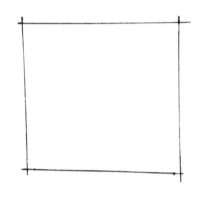 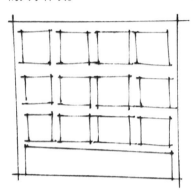 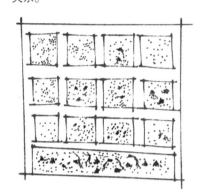

（4）用不同色调的马克笔画出人造亚克力石材的亮部颜色，渲染画面效果。

在选用马克笔时一定要对照颜色的冷暖，选取不同冷暖色调的马克笔作画。

（5）用不同色调的马克笔，局部加深人造亚克力石材的深颜色，渲染画面效果，然后用提白笔提出人造亚克力石材较亮的纹理。

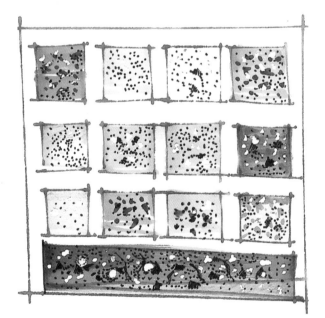

◦ TIPS ◦

在画面周围画出首尾相连的边框线，可以使画面冲击力更强。

5.2 瓦面材质

在景观效果图手绘中，想要画好不同瓦面的质感我们需要先对每种瓦面的特点进行了解，根据不同瓦面的质感特点运用不同的绘制方法，来达到我们想要的效果。

5.2.1 文化石瓦板

天然瓦板是板岩层状片的极致，仅有几毫米的厚度，轻薄而坚韧。把多种规格的瓦板做形式多变的排列或叠加，可使屋面更富立体感。多种色彩的组合，可使建筑更具生命力。

（1）绘制出文化石瓦板的整体布局，并区分几大部分的瓦片位置。

（2）绘制出每个部分的瓦片位置，并加深瓦片局部的明暗关系，调整画面完成线稿。

（3）用Touch36绘制出文化石瓦板的色调。

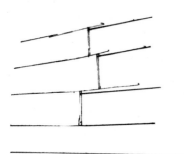 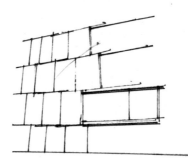 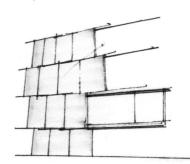

（4）用TouchWG2和Touch5绘制出文化石瓦板的固有色调和明暗深度。

（5）运用彩铅过渡，然后用提白笔提出高光，调整画面并完成绘画。

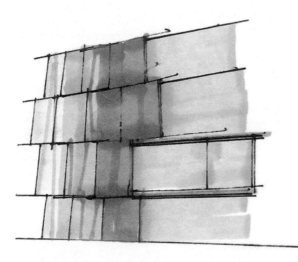 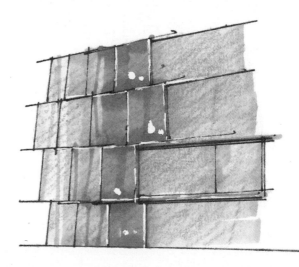

5.2.2 琉璃瓦

琉璃瓦是一种传统的建筑材料，施以各种颜色釉并在较高温度下烧成的上釉瓦，通常施以金黄、翠绿和碧蓝等彩色铅釉，所以表面较光滑，在绘画时要注意光感与反光的表现。

（1）整体布局，确定琉璃瓦的大小及瓦片之间的交接关系。

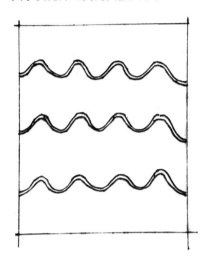

（2）刻画出每块琉璃瓦的大小位置，并加强明暗关系。

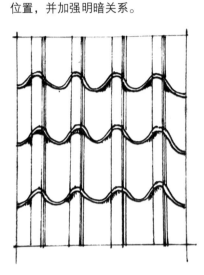

（3）用Touch97绘制出明暗交界线与暗部色调。

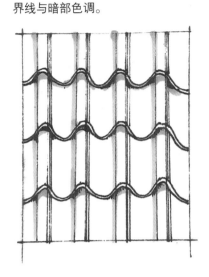

（4）用Touch107绘制出琉璃瓦的固有色调，注意局部留白。

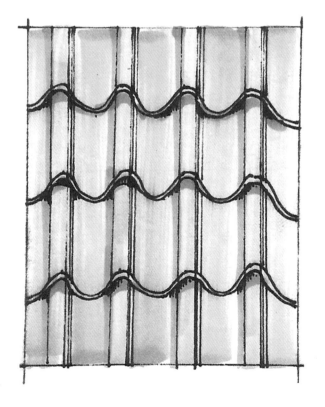

（5）用TouchWG5绘制出琉璃瓦的暗部，然后用提白笔提出高光，接着处理好画面的高光与反光，最后整体调整画面，完成绘画。

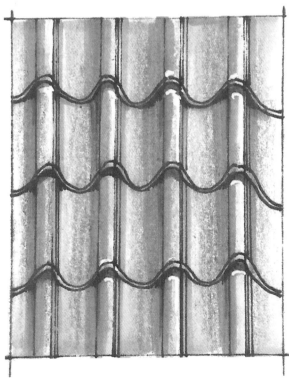

5.2.3 油毡瓦

油毡瓦是石油沥青防水卷材的变形产品，又称沥青油毡瓦。在表面加以涂料做成类似瓦面的一种防水材料，颜色多种多样。表面看上去粗糙有颗粒感。

（1）画出油毡瓦的基本布局，并加深明暗关系，塑造光感。

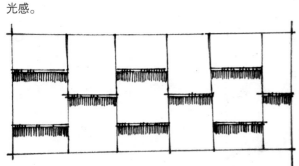

（2）绘制出油毡瓦的表面纹理。

注意处理好疏密关系。

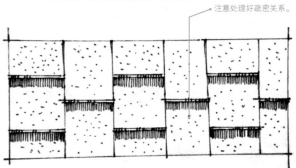

（3）用Touch185绘制出油毡瓦的整体色调。

在上色时运笔要快速，一气呵成。

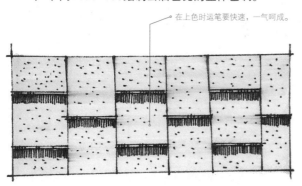

（4）用Touch183绘制出油毡瓦的固有色。

注意色调之间的过渡，保留第一遍较好的色彩。

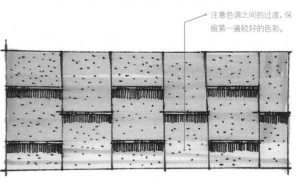

（5）运用TouchBG5绘制出油毡瓦片的暗部色调，加强明暗关系，然后用提白笔提出高光，接着整体调整画面，完成绘制。

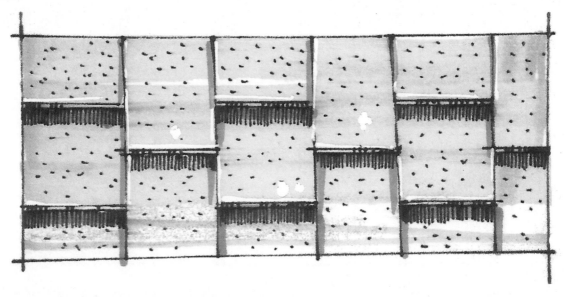

5.2.4 红瓦

红瓦是由粘土和其他合成物制作成湿胚，干燥后通过高温烧制而成的。红瓦表面干涩，颜色主要以红色为主，根据土质的不同也有小青瓦等品种。

（1）整体把控，绘制出单片红瓦的结构，并作出瓦片排列与穿插的表现的解析。

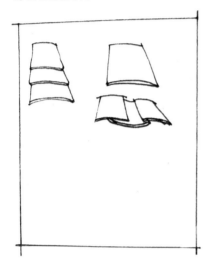

（2）画出局部解析瓦片的排列与放置方式，完善画面构图。

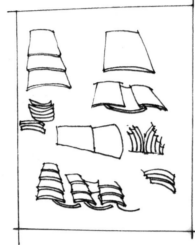

（3）用Touch36和Touch97画出红瓦的亮部与明暗交界线的位置。

（4）用Touch97画出红瓦片的固有色，并作出大的明暗关系区分。

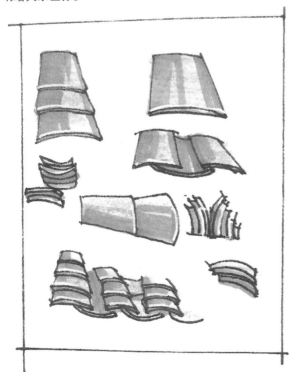

（5）运用Touch107与彩铅结合过渡画面，使得画面过渡自然，然后用提白笔提出高光，完成绘制。

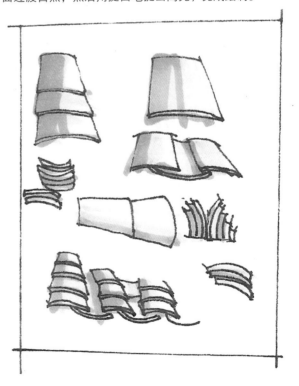

5.2.5 沥青瓦

沥青瓦又称玻纤瓦或玻纤胎沥青瓦。沥青瓦是新型的高新防水建材，同时也是应用于建筑屋面防水的一种新型屋面材料。它大部分类似于琉璃瓦。

（1）整体布局，绘制出沥青瓦的大小与位置，瓦面交接处需要做局部加深处理。

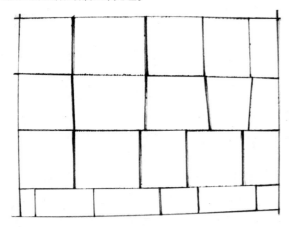

（2）绘制出沥青瓦的表面纹理。

处理好表面纹理的疏密关系，明暗过渡自然。

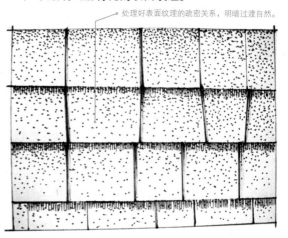

（3）用Touch185绘制出沥青瓦的亮色调。

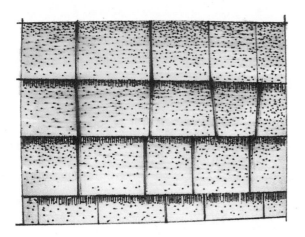

（4）用Touch183绘制出沥青瓦的固有色调。

注意过渡并保留第一遍较好的色彩。

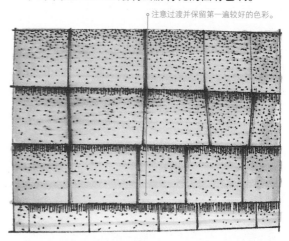

（5）用TouchBG5绘制出沥青瓦片的暗部，并加强明暗关系。

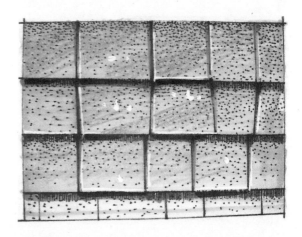

5.2.6　金属瓦

　　金属瓦是以镀亚铅钢板为主原料，外表经过加工并被敷上九层特殊物质制成的，色彩美丽而且经久不坏，表面光滑，反光强。

　　（1）整体布局，绘制出金属瓦的外轮廓，并区分金属瓦的结构。

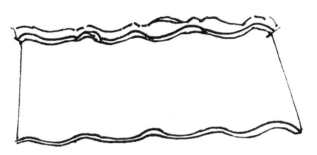

　　（2）绘制出金属瓦的内部瓦片结构，并区分明暗关系。

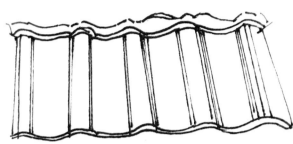

　　（3）先画出金属瓦的反光色调。

金属瓦周围的环境颜色不同，所呈现出来的反光颜色也不同。

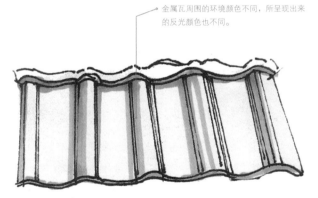

　　（4）用TouchBG2、Touch4和Touch5绘制出金属的固有色调。

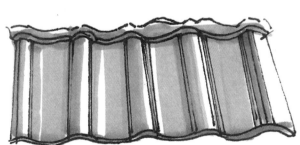

　　（5）用Touchouch120绘制出金属瓦的暗色调，然后用提白笔提出高光和反光。

反光应比相对明度低一些。

5.3 木材材质

　　根据木材不同的性质特征，人们将它们用于不同途径。一般在园林景观当中大部分都是防腐木。

　　防腐木材的性质：自然、环保、安全（木材成原本色，略显青绿色）；防腐、防霉、防蛀、防白蚁侵袭；提高木材稳定性，防腐木对户外木制结构的保护更为重要；防腐木易于涂料及着色，根据设计要求，能达到精致美观的效果；能满足各种设计要求，易于各种园艺景观精品的制作；防腐木亲水效果尤为显著，可满足户外各种气候环境中使用15年~50年不变。

扫码看视频

5.3.1 原木

　　原木，通俗点说就是树木，如用树木加工成的家具和地板就是原木家具和原木地板。在绘画过程当中要绘制出原木的质感，需注意原木纹理结构与疏密关系。

　　（1）整体布局，绘制出原木的基本造型及原木纹理的疏密关系。

　　（2）用Touch107和Touch36绘制木材亮部颜色，奠定木材的基调。

　　（3）用Touch94加深木材的明暗过渡，从明暗交界线上开始着手画。

注意留白在上色时的使用。

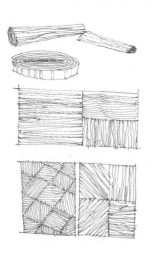 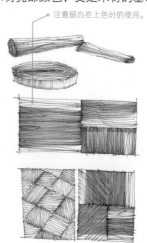 

　　（4）用Touch97过渡木头材质的固有色。

　　（5）用Touch94局部加深明暗交界线，塑造光影效果，然后用提白笔提出纹理和高光，完善画面。

注意局部用彩铅过渡，可使木头材质过渡自然和谐。

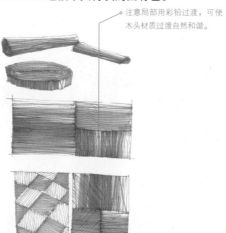 

5.3.2　景观木质座椅

　　景观木制座椅在室外景观当中是不可缺少的景观设施，要想画好景观室外座椅，就得了解室外景观座椅的不同材质，多看多画。

（1）绘制出木质座椅的轮廓及纹理。

（2）用Touch36绘制出木制座椅的亮部色调。

用笔要快速，上色的面积要大。

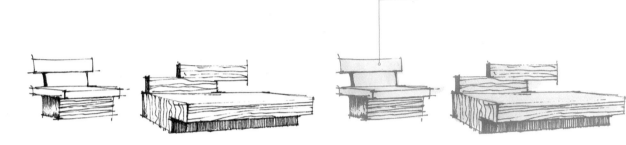

（3）用Touch97画出木制座椅不同位置的亮部和固有色。

（4）用Touch96画出木制座椅的暗部色调，并加强光影关系。

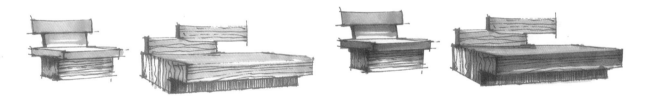

（5）用Touch91加深明暗交界线，然后用提白笔提出高光，塑造光感，接着整体调整画面，完成绘制。

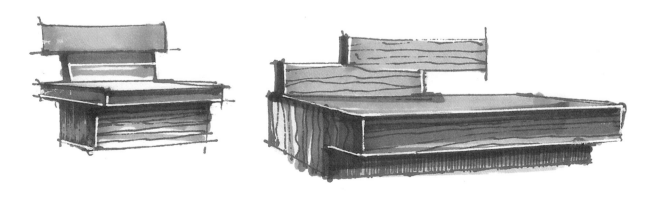

5.3.3 景观木质铺装

景观木质铺装在景观设计当中运用广泛，如滨水、湿地景观当中的木栈道、亲水平台、景观廊架下的地面铺装及小场地的活动平台等，都常常运用木质铺装（主要是防腐木）。

（1）整体布局，确定构图大小，绘制出木质铺装的轮廓及纹理结构。

（2）用Touch36画出木质铺装的亮部色调。

（3）用Touch97画出木质铺装的固有色。

在上第一遍颜色时，要大面积铺满。

在木质铺装的亮部留出第一遍颜色，使得铺装明暗色调有层次。

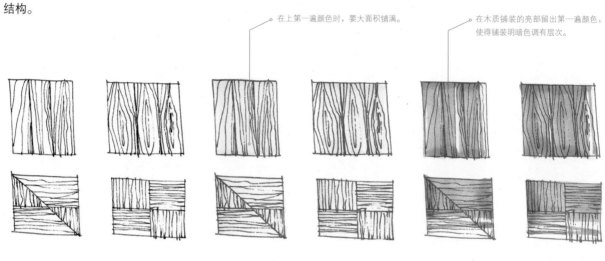

（4）用Touch97和Touch96画出木质铺装的固有色和暗部色调，表现出木质铺装的纹理深浅度。

（5）用Touch91画出明暗交界线，然后用提白笔提出高光，整体调整画面。

5.3.4 景观木质指示牌

　　指示牌属于功能类景观小品，首先要考虑的是实用性，指示牌的数量和摆放它们的重要且有意义的位置。 指示牌起到的是引导、控制或提醒的作用。其次，指示牌有宣传作用。在园林景观、商业街上指示牌能起到引导作用，同时也作为一种宣传方式，最后在绘画指示牌时需要注意指示牌上的字体内容及箭头等元素的表现。

（1）用轻松的直线绘制出木质指示牌的轮廓及阴影。

（2）用Touch36画出木质指示牌的亮部色调，以奠定基调。

（3）用Touch97画出木头的固有色。

（4）用Touch96加深木质指示牌的深浅明暗关系。

○ 注意适当留出第一遍亮色调，使得画面色彩明暗有层次感。

○ 注意色调的层次感。

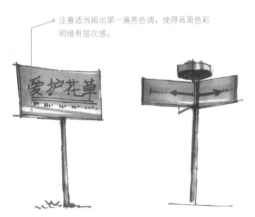

（5）用提白笔提出高光，塑造光感，然后用Touch91加深明暗交界线。

5.4 玻璃材质

不同的玻璃具有不同的特点，在装饰中的用途也各不相同。下面就一些常见的玻璃进行简单的介绍。

3厘~4厘玻璃：我们所说的3厘玻璃，就是指厚度3mm的玻璃。这种规格的玻璃主要用于画框表面。

5厘~6厘玻璃：主要用于外墙窗户和门扇等小面积透光造型等。

7厘~9厘玻璃：主要用于室内屏风等较大面积但又有框架保护的造型中。

9厘~10厘玻璃：可用于室内大面积隔断和栏杆等装修项目。

11厘~12厘玻璃：可用于地弹簧玻璃门和一些活动人流较大的隔断之中。

15厘以上玻璃：一般市面上销售较少，往往需要订货，主要用于较大面积的地弹簧玻璃门和外墙整块玻璃墙面。

压花玻璃：采用压延方法制造的一种平板玻璃。其最大的特点是透光不透明，多用于洗手间等装修区域。

夹层玻璃：夹层玻璃一般由两片普通平板玻璃（也可以是钢化玻璃或其他特殊玻璃）和玻璃之间的有机胶合层构成。当受到破坏时，碎片仍粘附在胶层上，避免了碎片飞溅对人体的伤害。多用于有安全要求的装修项目。

夹丝玻璃：采用压延方法，将金属丝或金属网嵌于玻璃板内制成的一种具有抗冲击性的平板玻璃，受撞击时只会形成辐射状裂纹而不致于堕下伤人。故多用于高层楼宇和震荡性强的厂房。

中空玻璃：多采用胶接法将两块玻璃保持一定间隔，间隔中是干燥的空气，周边再用密封材料密封而成，主要用于有隔音要求的装修工程之中。

扫码看视频

5.4.1 平板玻璃

平板玻璃是板状无机玻璃制品的统称，多是钠钙硅酸盐玻璃。具有透光、透视、隔音、隔热、耐磨和耐气候变化等性能。要画好平板玻璃就得很好地了解平板玻璃的特征和属性。

（1）整体布局，绘制出玻璃的大体轮廓及厚度。

（2）绘制出玻璃与玻璃的交界。

注意玻璃的折射关系，完整绘制出玻璃所能见到的轮廓。

（3）用Touch63绘制出玻璃厚度的色调。

注意观察玻璃最暗的部分，那里往往是边界厚度最深的部分。

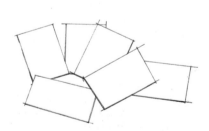
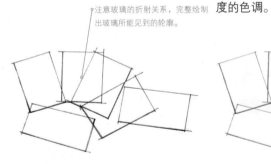
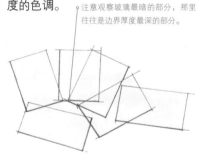

（4）用彩铅绘制出玻璃表面的颜色，过渡好玻璃暗部与灰色调。

（5）调整画面，然后用彩铅绘制出玻璃的环境色与固有色，并处理好环境色与固有色的衔接关系。

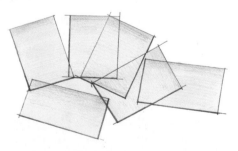
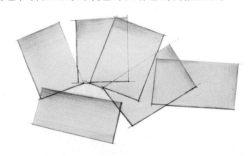

5.4.2　磨砂玻璃

磨砂玻璃是在普通平板玻璃上面再磨砂加工而成的，一般厚度多在9厘以下，以5厘~6厘厚度居多。通过对其特征的了解可以让我们作画得心应手。

（1）整体布局绘制出磨砂玻璃的大体轮廓。

用线要肯定、流畅。

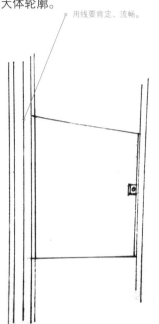

（2）绘制出磨砂玻璃的细节部分。

用点的方式绘制出磨砂玻璃表面的粗糙感，并处理好疏密关系。

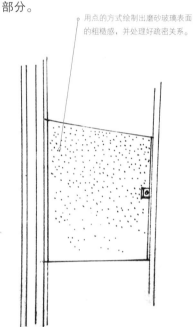

（3）第一遍色调可以用蓝色彩铅或者是Touch185绘制出磨砂玻璃的亮部色调，然后用TouchCG2绘制出玻璃框的亮部色调。

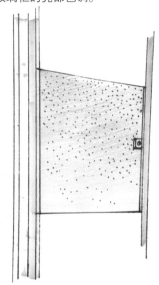

（4）用Touch76画出玻璃的固有色。

快速运笔画出较浅的感觉，固有色干脆利落。

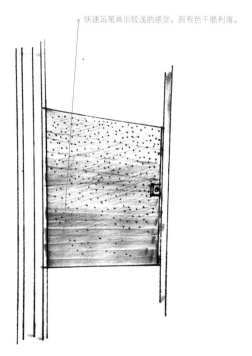

（5）用Touch76从上往下再次绘制磨砂玻璃，注意过渡关系，然后用TouchCG5绘制出玻璃框的暗部色调，塑造光感。

5.4.3 磨光玻璃

经过机械研磨抛光且具有平整光滑表面的平板玻璃，也叫镜面玻璃或者白片玻璃，分单面磨光和双面磨光两种。把玻璃磨光是为了消除玻璃中含有的波筋等缺陷。

磨光玻璃表面平整光滑且有光泽，从任何方向透视或反射景物都不发生变形，其厚度一般为5mm~6mm，透光度大于84%。

（1）整体布局，绘制出磨光玻璃的大体外轮廓及磨光玻璃的厚度。

（2）绘制出磨光玻璃的内部细节及结构。

（3）用彩铅和Touch9绘制出磨光玻璃的亮部色调。

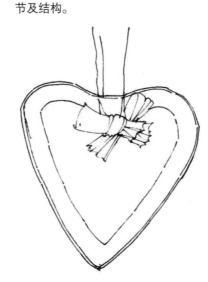
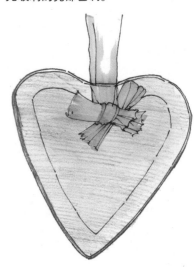

（4）用彩铅画出磨光玻璃的环境色及明暗交界线。

（5）用Touch7绘制出磨光玻璃上的布条暗部，然后用Touch63绘制出磨光玻璃的暗部色调，接着用提白笔提出高光。

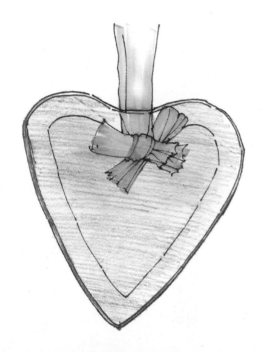

5.4.4 钢化玻璃

　　钢化玻璃是普通平板玻璃经过再加工处理而成的一种预应力玻璃。钢化玻璃相对于普通平板玻璃来说，具有两大特征：一是钢化玻璃的强度是平板玻璃的数倍，抗拉度是平板玻璃的3倍以上，抗冲击是平板玻璃的5倍以上；二是钢化玻璃不容易破碎，即使破碎也会以无锐角的颗粒形式碎裂，对人体的伤害大大降低。

　　（1）整体布局，绘制出钢化玻璃的轮廓及厚度。

　　（2）绘制出钢化玻璃的内部结构和玻璃轮廓。

　　（3）用Touch63绘制出钢化玻璃的厚度色调。

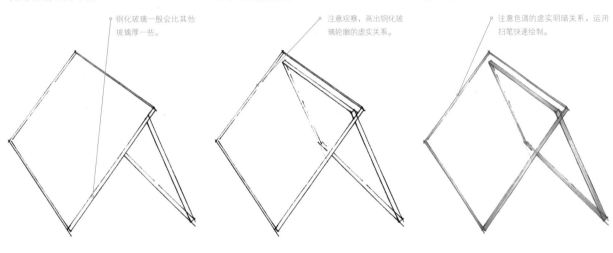

钢化玻璃一般会比其他玻璃厚一些。

注意观察，画出钢化玻璃轮廓的虚实关系。

注意色调的虚实明暗关系，运用扫笔快速绘制。

　　（4）用彩铅绘制出钢化玻璃的固有色调，注意过渡关系。

　　（5）整体调整画面，然后用彩铅进一步刻画钢化玻璃的固有色与环境色，接着用Touch76绘制出钢化玻璃的暗部色调。

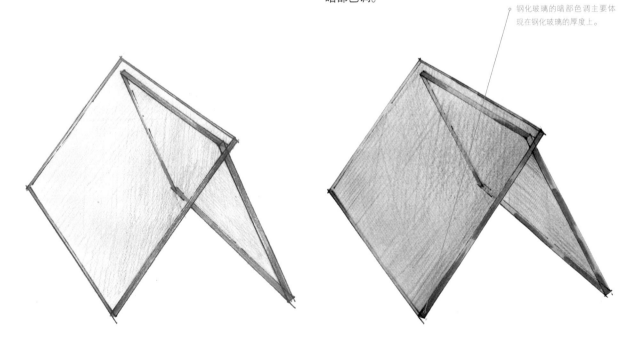

钢化玻璃的暗部色调主要体现在钢化玻璃的厚度上。

5.4.5 玻璃幕墙

玻璃幕墙是指由支撑结构体系与玻璃组成的，相对于主体结构有一定位移能力，不分担主体结构所受作用的建筑外围护结构或装饰结构。墙体有单层和双层玻璃两种。玻璃幕墙是一种美观新颖的建筑墙体装饰方法，成为现代主义高层时代的显著特征。

（1）整体布局，绘制出玻璃幕墙的基本结构。

（2）绘制出玻璃幕墙上反射的阴影造型，并处理好玻璃幕墙的明暗关系。

（3）用Touch185绘制出玻璃幕墙的亮部色调。运用揉笔带点的技法绘制。

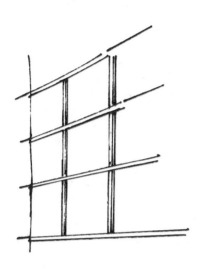
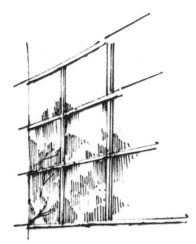
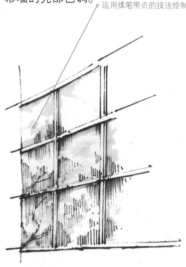

（4）用Touch76画出玻璃幕墙的固有色，注意局部留白。

（5）整体调整画面，然后用提白笔提出高光，塑造光感，完成绘画。

> **TIPS**
>
> 画玻璃幕墙时一定要注意周围环境在玻璃幕墙上的造型。

5.5 布艺材质

布艺从材质和色彩上来说种类十分丰富，我们可以根据选景的需求来具体确定色彩与材质。布艺一般在室内设计绘画当中运用得较多，在建筑与景观当中也只是作为一种配景出现，如建筑的窗帘和建筑入口地毯等。

扫码看视频

5.5.1 地毯布艺材质

地毯布艺在景观当中常出现在入口，与台阶相匹配，用来烘托喜庆洋溢的氛围。在绘画中主要介绍地毯布艺的图案表现。

（1）整体布局，安排绘画结构。

（2）编辑绘制出布局内的布艺纹理，用不同的线条绘制每个方框内的布艺。

（3）用TouchWG2、TouchCG4、Touch9、Touch23、Touch48、Touch73和Touch84绘制出布艺第一遍色调。

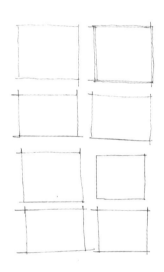

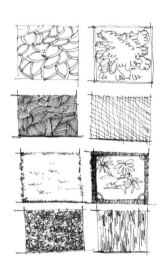

（4）用Touch47、褐色与紫色彩铅加强布艺色调，处理好明暗虚实的过渡关系。

（5）用提白笔提出布艺纹理高光，最后修正画面。

5.5.2 窗帘布艺的绘制

　　窗帘布艺主要是作为景观建筑表现当中的一个小的部分出现，在大场景当中它的作用往往是点缀。在这里将单独绘制窗帘布艺，利于初学者掌握一些细部的表现技法。

　　（1）整体布局，绘制出窗框的轮廓结构，并绘制出窗框的厚度。

　　（2）绘制出窗户内部结构及窗帘布艺。

　　（3）用Touch185、Touch76、Touch9和Touch7和TouchWG2绘制出窗帘布艺的色彩，并初步区分窗帘的明暗关系。

　　（4）用Touch76绘制出玻璃的固有色，用土黄色彩铅加强窗帘布艺的色调。

　　（5）绘制出玻璃的环境色，调整画面，使得画面和谐自然。

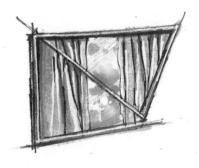

第 6 章

景观配景元素的表现

- 天空配景
- 地面配景
- 植物配景
- 人物配景
- 汽车配景
- 景观石配景
- 水景配景

6.1 天空配景

6.1.1 天空的介绍

天空是景观手绘画面中不可缺少的元素之一，天空的大小决定了画面上下取景的内容，以地面为主的塑造可以缩小天空。天空实际是没有颜色的，是因为太阳光的照射，使人的眼睛产生错觉，天空看上去才会有颜色。随着太阳光照射的角度不同，天空的颜色也就随着变化。如右图夕阳西下的天空与晴朗晌午的天空呈现出不同的颜色。

在表现天空时，云层是天空的主要组成部分。云层在不同的天气情况下会有所区别，按云层高度可以将云分为低、中、高3族，然后再区分为10属（卷云、卷层云、卷积云、高层云、高积云、层云、层积云、雨层云、积云和积雨云），并进一步细分为29类（如淡积云、碎积云、透光层积云、堡状高积云和毛卷云等）。接下来做云的小稿练习，了解并掌握云的画法，有利于我们后期更好地表现天空。

6.1.2 天空案例色卡

天空的颜色非常丰富，下面列出一些在景观手绘中表现天空时常用的颜色供大家参考。

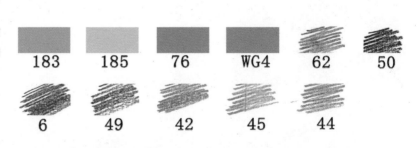

183　185　76　WG4　62　50

6　49　42　45　44

6.1.3 天空案例表现

（1）运用灵活的线条绘制出天空的云彩、海面与山体的结构，处理好暗部排线。

云层暗部排线不宜过多，要表现出通透的感觉。

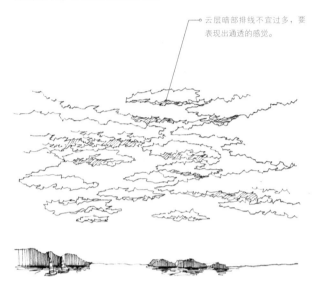

（2）运用Touch183和Touch76画出蓝天，并用暖色彩铅过渡，为夕阳下的天空奠定基础。

接近海面阳光的地方运用暖色彩铅（45、44）加以表现，彩铅排线要根据阳光发散的方向排线，这样夕阳西下的感觉更好。

（3）运用Touch185画出天空的亮色调，并结合蓝色（50）与紫色（49）彩铅渲染天空暗部色调，然后运用红色（6）与橙色（42）彩铅渲染出夕阳投射的暖色调。

用绿色彩铅（62）做画面边缘过渡色，注意虚化过渡，用力不要过大。

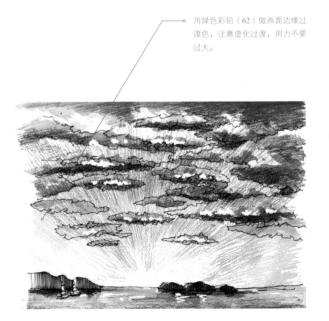

（4）整体调整画面，在彩铅排线的基础上，再一次运用Touch76加深暗部，与紫色彩铅融合形成暗部的紫色，使天空颜色更加丰富。

注意离夕阳近的海面，颜色是偏向夕阳红的，这样水面色调会与天空相互呼应，和谐自然。

6.2 地面配景

6.2.1 地面的介绍

地面多指建筑物内部和周围地表的铺筑层，也指楼层表面的铺筑层（楼面）等。

用草坪与道路组成的地面景观

不同材质铺成的地面景观手绘图

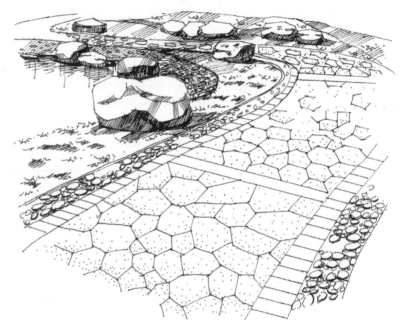

6.2.2 地面案例色卡

下面列出了一些在景观手绘中表现地面时常用的颜色供大家参考。

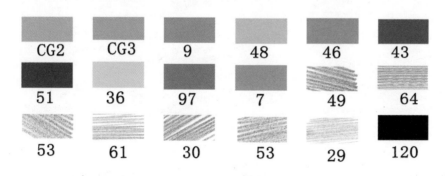

6.2.3 地面案例表现

（1）绘制出地面的树池，通过树池的透视推敲出整体透视关系，并绘制出前景围栏的透视结构。

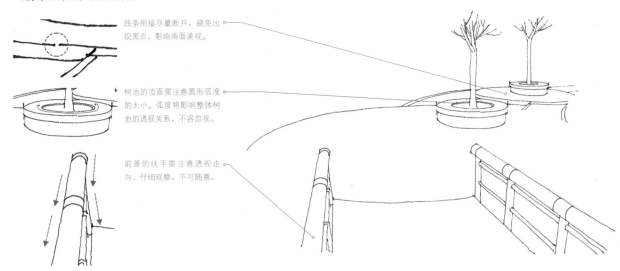

线条衔接尽量断开，避免出现黑点，影响画面美观。

树池的顶面要注意圆形弧度的大小。弧度将影响整体树池的透视关系，不容忽视。

前景的扶手要注意透视走向，仔细观察，不可随意。

（2）细化地面铺装，并绘制出不同台面的高低错落的结构，然后刻画出前景的地面铺装图案。

圆形铺装在透视的作用下呈现出椭圆形，尽量一笔绘制出透视关系，保持线条的流畅。

注意前景铺装的透视及大小关系，关键要控制好铺装分割线的透视走向与长短。

（3）加强地面树池材质与投影作为后续刻画的参照，然后进一步处理好前景地面边缘材质的透视关系。

植物的枝干，要理清枝干的前后穿插关系与植物的生长态势，越往上的枝条越细。

树池的暗部层次，按照透视与结构排线绘制，更容易塑造树池的空间关系。

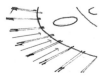

处于边缘的圆形铺装，要注意近大远小的透视关系，关键要注意材质分割线的透视倾斜角度。

（4）细化地面的材质刻画，并绘制出绿化植物，统一画面的节奏。

用带有弧度、长与尖特点的线条绘制出竹子叶片。

通过植物的投影，拉开植物与挡土墙二者的明暗关系。注意植物叶片的前后穿插关系。

地面椭圆形的铺装，要注意透视面的宽窄及图案的基本造型。

地面卵石铺装，运用小椭圆形表现卵石的造型，注意卵石的疏密关系。

用带有弧度、圆滑的线条绘制出前景地被植物，注意线条要精良一笔到位。

（5）用Touch120整体加深画面的暗部层次，塑造光感，拉开画面的前后、明暗和虚实关系。

植物树冠运用揉笔带点的笔触加深暗部层次。

远景地面马赛克铺装，要注意铺装深色块的位置。

前景围栏的投影要注意投影的透视与造型，要符合整体透视关系。

（6）用Touch48与Touch9绘制出植物及花卉的亮部色调，奠定基调。

竹子的刻画，运用马克笔的侧峰，绘制出带有尖角的片叶。

树冠亮部要有留白，做好过渡关系。

花卉的刻画通过揉笔带点的笔触，绘制出花卉的基本形状。

（7）用Touch46与Touch97绘制出植物的固有色与木质扶栏，然后用Touch36绘制出地面铺装明度较高的材质。

树冠暗部的深层次通过揉笔带点的笔触表现，但要注意不同深色调区域，不相互完全覆盖，才能表现出暗部丰富的色调层次。

明度高的地面铺装，马克笔运笔的速度要快，避免出现水印，影响画面效果。

远景的植物可以通过Touch CG2来表现出基本的造型。

（8）用灰色马克笔TouchCG2与彩铅进一步细化铺装与植物，并用Touch43加深植物的暗部层次，丰富画面细节。

挡土墙的石材，运用赭石色彩铅表现出石材的不同色调。

地面卵石的刻画运用紫色与TouchCG3结合进行整体表现。

处于边缘的绿色植物，运用绿色彩铅斜向排线进行过渡处理。

（9）运用彩铅在中景、远景、压边区域进行过渡，加强环境的表现，使画面的色彩丰富，色阶过渡更加自然。

树冠的明暗过渡，可以运用绿色彩色铅排线过渡，使得树冠过渡自然。

远景植物可以直接运用绿色彩铅排线表现。拉开前后植物的虚实关系。

地面碎拼铺装，运用蓝紫色彩铅表现，与周围暖色的铺装形成冷暖对比。

前景围栏扶手要分清材质，木材偏暖与铝合金偏冷形成冷暖对比。并与投影深色调形成明暗对比。拉开空间关系。

（10）用Touch51加深植物暗部，并用提白笔提白，塑造画面的光感。

树冠应在树冠深层次与明暗交界线上提白，这样能更好地表现出树冠地立体感。

远景马赛克的铺装，为了丰富色彩，刻意地用红色彩铅表现丰富的画面色彩。

地面通过提白，表现出反光。通过周围树池和植物暗部的对比，使得地面材质更加绚丽。

花卉运用提白笔，抽象地表现出花瓣的色调。

6.3 植物配景

6.3.1 植物分析

　　植物是园林中必不可少的一部分，不同植物的组合能构成多样化的园林观赏空间，营造出不同的景观效果，为景观增色添辉。园林植物种类繁多，主要由木本植物和草本植物构成。木本植物有观花、观叶、观果、观枝干的各种乔木和灌木；草本植物有大量的花卉和草坪地被植物，因此在园林植物造景中大多考虑乔灌草的合理搭配。

　　不同风格景观植物的表现，可以使画面效果更加丰富多彩。景观设计的四要素就是土地、植物、水体和建筑。植物是环境的构成，又是主题的烘托着甚至是表现者，所以景观植物在景观设计中起着至关重要的作用。

6.3.2 植物单体与组合表现

植物单体手绘表现

植物组合手绘表现

6.3.3 乔木

● **乔木介绍**

扫码看视频

乔木，多是指树身比较高大的树木，由根部发出独立的主干，分支点较高，一般高达6m~10m，树干和树冠有明显的区分。乔木树形往往高大，因此可按其高度分为伟乔木（31m以上）、大乔木（21m~30m）、中乔木（11m~20m）和小乔木（6m~10m），如下图所示。乔木一般在景观中一般作为上层植物，配植灌木以及地被，形成丰富的景观效果。

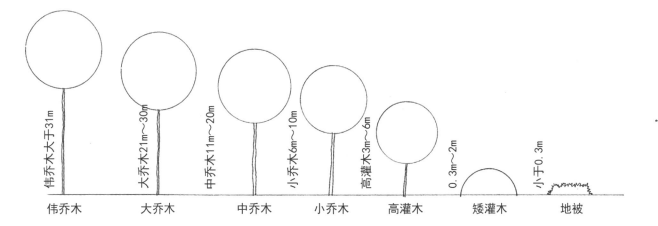

| 伟乔木 | 大乔木 | 中乔木 | 小乔木 | 高灌木 | 矮灌木 | 地被 |

　　乔木一般分为落叶乔木和常绿乔木。落叶乔木是指每年秋冬季节或干旱季节叶子全部脱落的乔木；常绿乔木则是指一年四季都具有绿叶的乔木。

　　每一种树都会有自己独特的树冠形状，大自然中的树冠大致可以分为球形、扁球形、半圆球形、圆锥形、圆柱形、伞形和其他形态（如下图所示）。我们在绘制的时候，应该先抓住其形态特征，去掉其多余繁琐的部分，这样画起来便得心应手。

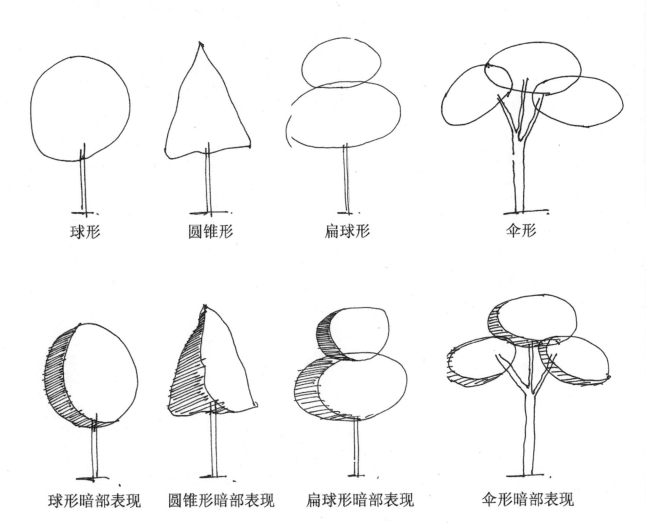

球形　　　　　圆锥形　　　　　扁球形　　　　　　伞形

球形暗部表现　　圆锥形暗部表现　　扁球形暗部表现　　伞形暗部表现

　　在绘制树木时，还应注意树木的透视关系，即近大远小、近实远虚。一般可分为近景树、中景树和远景树3大类。不同空间感的树可以增加画面的层次感及进深感，使画面显得更加丰富与充实。

　　近景树：要求细致的描绘。因其处于视线与画面的前端，所以，能看见树木更多的细节。如树干树皮的纹路，叶子的形状等。根据叶子的形状我们就能判断出树的品种，叶子除了能用自由线条表示明暗外，还可以采用点、圈、粗线及各种形状。

　　中景树：画中景树时要抓住树形轮廓，大致地绘制出枝叶，表现其不同树种拥有的特点。

　　远景树：起着衬托主景物和增强空间的作用，在绘制时只需画出轮廓即可。

● 乔木树干

（1）绘制出乔木主要的枝干和树枝。

树枝的分叉要合理，不能太均匀。在平时一定要多观察，多查看相关书籍。

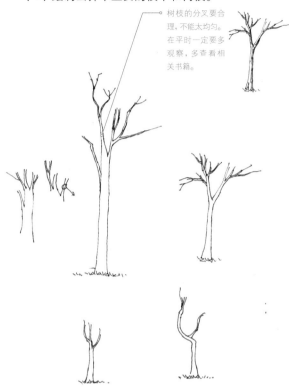

（2）由主要枝干向周围扩散画出细小的枝条。

绘制的乔木树枝与树干，生长自然和谐。树枝应该是从根部到树枝逐渐变细。

下面的树枝画法是错误的。

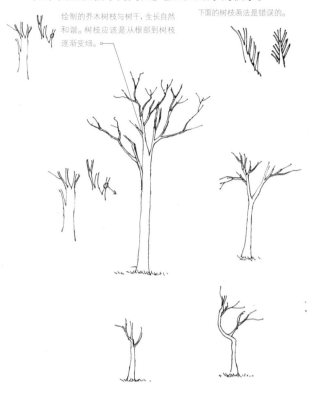

（3）继续绘制出高大乔木的细枝条，使得画面内容丰富，枝干与树枝的生长交接合理。

树与地面接触以下的树根部分的大体形状应该是如下图所示。

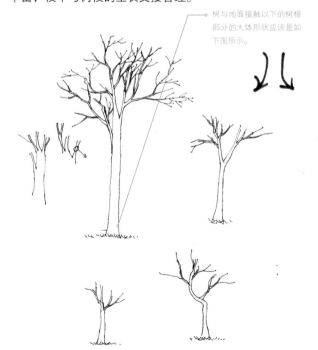

（4）加强树杆的明暗关系，画出树皮的纹理，增强画面明暗对比。

在画树影子时，由于有树皮的影响，因此排线应尽量不上下对齐，表现出树皮的质感。

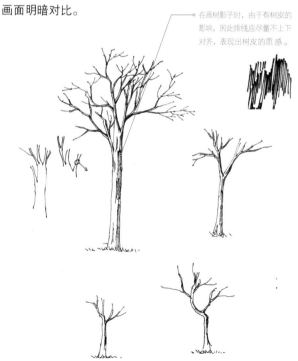

● 乔木案例表现

主要用色

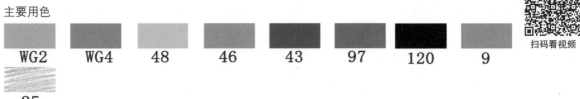

WG2　WG4　48　46　43　97　120　9

25

（1）画出乔灌木及石头的外轮廓，并用抖线区分树冠的明暗关系。

（2）加强树冠和石头的明暗对比关系，突出主景乔木的塑造。

（3）用Touch48来画出乔灌木的亮部，可以采用局部留白的方法，然后用扫笔和揉笔完成树冠的第一遍颜色。

可以根据树的色彩深浅有选择性地上色。

扫笔在树冠上的运用，扫笔本身就是一种过渡关系的笔触。

揉笔在树冠上是最常见的笔触之一，可以用单色或者是多色在树冠上练习这样的笔触。

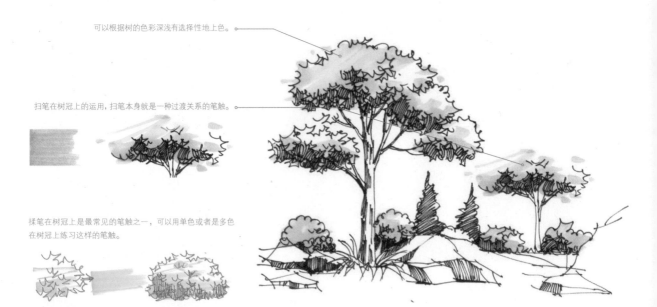

（4）用Touch46画出乔灌木的过渡色，然后用TouchWG2完成石景的背光上色，接着用Touch43画出乔灌木的暗部色调，并用扫笔和揉笔画出树冠的第二遍颜色，最后用Touch97画出树干的第一遍颜色。

（5）用彩铅画出乔灌木的过渡色，渲染出亮丽清新的感觉，然后用TouchWG4完成石景的背光，接着用Touch120画出乔灌木的暗部色调，最后用Touch94画出树干的暗部色调，并提白完成画作。

彩铅过渡的线条不要画得过密，尽量稀疏放松些，局部需要留白，这种手法也是在手绘当中最常用的一种方式。

6.3.4 灌木

扫码看视频

● 灌木介绍

灌木多指没有明显的主干，开支点较低，矮小（3m以下）而丛生的植物。主要是跟乔木相结合，起到丰富景观层次的效果，它们一般用来适当地遮挡，营造自然的效果。

● 灌木案例表现

主要用色

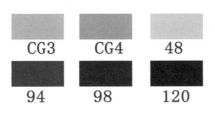

CG3　CG4　48　46　51　97

94　98　120

（1）先画出灌木球和地被植物的外轮廓，然后画出小乔木和大灌木的树干。

用线要流畅放松。

（2）用抖线表现乔灌木和草地的暗部，区分它们的明暗关系。

在画暗部时尽量做到不涂死，有透气感。

（3）用Touch46画出灌木球、乔木和草地的第一遍颜色，然后用黑色加深乔灌木的暗部，做到暗部透气，接着用TouchCG2画出石头局部的第一遍颜色。

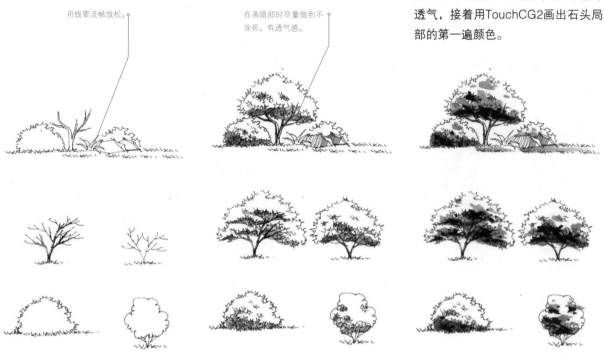

（4）用Touch48画出乔灌木的亮部，然后用Touch120局部表现树的影子和乔灌木的暗部，接着用TouchCG3画出石头的背光颜色，最后用Touch97和Touch94给树干上色。

（5）用Touch51给绿色植物的暗部上色，然后用TouchCG4来完成石头的背光，并用Touch46完成绿色植物的亮部和暗部的过渡。接着用Touch98画出树干的暗部，再用提白笔提出树枝的亮部和石头的亮部，最后用彩铅过渡，达到一种理想的画面效果。

画乔灌木亮部时可以采用局部留白的技法。

6.3.5 椰子树表现

● 椰子树介绍

椰子树是热带海岸常见的一种常绿乔木,树干挺直高大,一般在15m~30m左右,椰子树树冠大致呈伞状,树干比较高,上大下小,叶子由中心向各个方向发射。在绘制椰子树时,我们应注意叶子排列得越密越好,避免稀疏,稀疏的叶子会使树显得比较萧条,没有生机。

● 椰子树绘制

主要用色

120	7	83	140	47	48	WG2	43

(1)画出椰子树的结构线,确定好椰子树的整体生长走向。

(2)绘制出椰子树的叶片。

绘制椰子树的叶片时要注意画得相对饱满些,叶片与叶片之间的空间稍大些为宜。

椰子树的叶片尽量画得饱满有利于上色表现。叶片的好坏直接影响画面最终的效果,马克笔是无法掩盖线稿的弊端的。

(3)用Touch48和Touch47画出椰子树叶片的基本颜色,然后用TouchWG2画出树干的局部灰色调。

（4）用Touch43画出椰子树叶片的暗部色调，然后用TouchWG4画出树干的颜色，树干的局部暗色调用Touch91加深，接着用提白笔提出高光，塑造光感，靠后的椰子树及树叶可以运用灰色塑造。

（5）运用Touch7、Touch83和Touch140画出椰子树周围的花卉与地被等有色植物，使得画面鲜亮、颜色丰富。

TIPS

椰子树的叶片在绘画时一定要饱满，叶片与枝的生长处要做到饱满留出空白。

6.3.6 棕榈树表现

● 棕榈树介绍

棕榈树属于常绿乔木，树干呈圆柱形，直立；在绘制棕榈树时，我们常常将其叶抽象、简化，形成一个大致呈圆形的树冠。

● 棕榈树绘制

主要用色

 59　 47　 51　 97　 96　 92　25

（1）绘制出棕榈树冠的大体轮廓线。

绘制树叶时，注意树叶在各个方向
不同的转折方式及变化。

一般将棕榈树的树冠简化成一个圆
形，这样更方便绘制。

（2）继续深化树冠的层次，绘制出树干。

注意树冠与树干交界处树叶的处理，
一般此处的叶子都是垂直向下的。

注意树干断开的线条，
交接时要自然、顺畅，
避免僵硬。

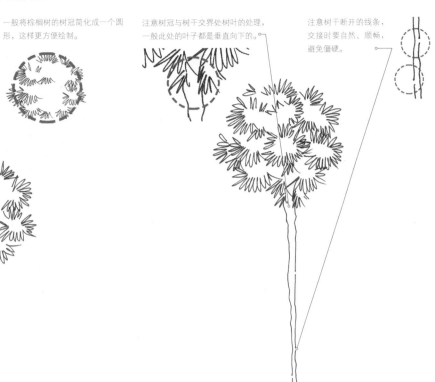

（3）绘制出树冠的暗部，增加整体的空间层次感。

在树冠与树干的交接处，继续
细化树叶，增加树冠的层次。

（4）继续细化树冠，并绘制出树干的纹路。

绘制时应注意在接近树冠的地方
一般都比较暗，注意树干的排线
密度以及方向。

（5）运用Touch59绘制出棕榈树冠部分底色，然后用Touch97绘制出树干部分的底色。

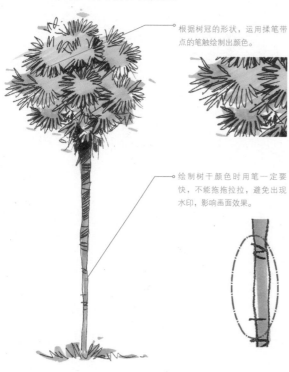

根据树冠的形状，运用揉笔带点的笔触绘制出颜色。

绘制树干颜色时用笔一定要快，不能拖拖拉拉，避免出现水印，影响画面效果。

（6）运用Touch47绘制出树冠部分固有色，然后用Touch96绘制出树干部分的固有色。

用Touch47加深树冠颜色时，注意颜色的范围及位置，不能超过前一遍的颜色。

（7）运用Touch51加深树冠暗部颜色，然后用Touch92加深树干暗部。

用Touch51加深暗部颜色时，用笔一定要灵活，避免暗部死气沉沉。

加深边缘树叶的暗部时，注意用笔笔触及方向应与树叶的方向一致，保持整洁、统一。

（8）运用彩铅排线，使颜色更加柔和；在树冠部分点出高光，调整整体画面效果。

用彩铅柔和树冠的颜色，使颜色过渡得更加自然。

用高光笔点出树冠的高光部分，并用提白笔绘制出叶子的亮部，丰富画面效果。

TIPS

在绘制棕榈树叶片时，始终要记住叶片由中心向四周生长，注意叶片的生长走向。

6.3.7 草地表现

● 草地介绍

草坪,即平坦的草地,今多指园林中用人工铺植草皮或播种草子培养形成的整片绿色地面。草坪可避免黄土裸露在外,既起到美化环境的作用,也可防止水土流失。

● 草地绘制

主要用色

| WG2 | 48 | 47 | 50 | WG4 | 25 |

（1）下图为草地常见的几种表现笔触,通过不同的笔触来表现草地的小单体。

（2）用Touch48画出草皮的亮色调。

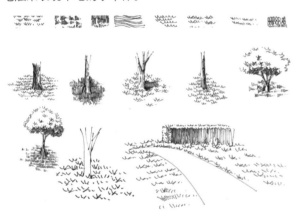
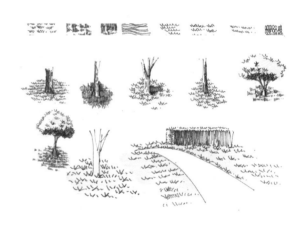

（3）用Touch47确定大体色调。

上色要注意的事项有以下2点。
首先用Touch48上底色,需要相对留白,不要画得太满;

其次是用Touch47来画草地的固有色,这一步要保留底色,不要把Touch48全部覆盖掉。

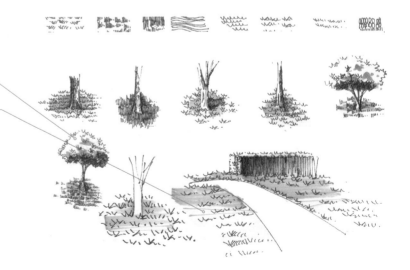

（4）用彩铅过渡使得画面更加自然，画面效果更加和谐。

（5）树干的暗部再次用Touch47加深，并用提白笔提出高光，然后整体调节修整画面。

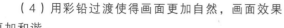

用TouchWG2画出树干的暗部色调。

用Touch50加强树干在草地上的影子。

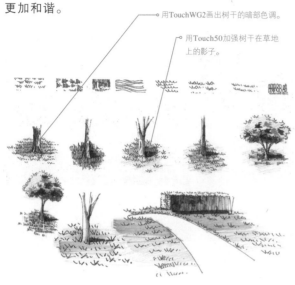

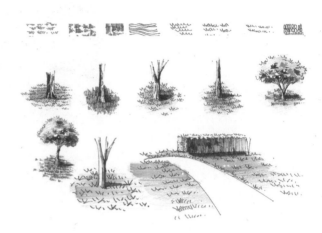

6.3.8　花卉表现

● 花卉介绍

　　花卉的种类极多，范围广泛，不但包括有花的植物，还包括苔藓和蕨类植物。花卉是景观手绘当中最常见的，它们主要用于花坛、盆栽花卉、观花观叶花卉和荫棚花卉等，主要是点缀主体景观，如右图盆栽花卉与景墙点缀花卉。花卉在园林景观当中的运用使得场景更加美观，所以花卉的表现是园林景观手绘的重要一环。

● 花卉绘制

　　主要用色

7	9	14	48	46	43
51	59	83	CG1	CG2	CG3
CG4	36	25	53	49	29

（1）绘制出挡土墙上部分的草丛花卉，作为整体画面的参照物。

花卉与草本植物结合时，要注意草本植物叶片的
生长态势与叶片穿插关系。

挡土墙石材之间交接转折面要交代清楚，透视关
系要准确。

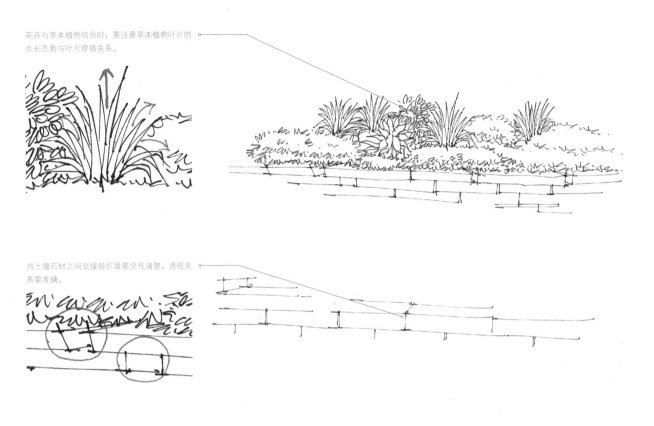

（2）绘制出视觉中心的草丛花卉，并合理控制前后草丛花卉的面积，拉开前后空间关系。

针对不同的花卉，在绘画时要从叶片形状与大小
上加以区分，有利于后期表现。

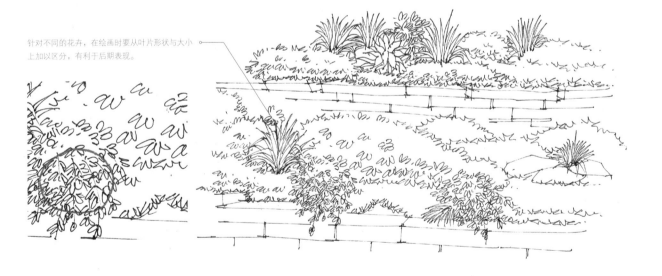

（3）强调出挡土墙与花卉的明暗关系，塑造画面空间感。

挡土墙上的排线要注意，离光源越近的地方排线越密，排线的方向尽量一致，并加强石材之间的缝隙，明确石材的体块关系。

运用美工笔的宽线条加深叶片之间的间隙，拉开叶片之间的前后关系。

花卉暗部的排线要注意疏密及过渡，并将花卉与挡土墙之间的空间界面加深处理，拉开两者的前后关系。

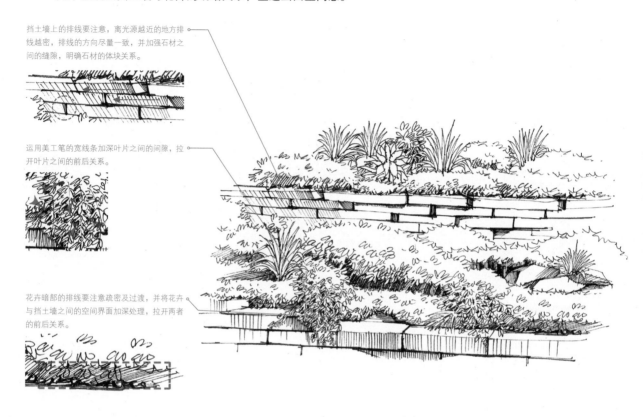

（4）用黑色马克笔加深草丛花卉之间的暗部层次关系，使画面明暗光影效果强烈，为后续上色奠定基础。

局部强化花卉的暗部色调，拉开花卉与挡土墙的前后空间。而挡土墙石材之间缝隙排线要注意疏密，保持暗部透气。

在花卉的暗部可以用黑色马克笔以揉笔带点的方式调整明暗关系，切记大面积出现黑色，导致暗部不透气。

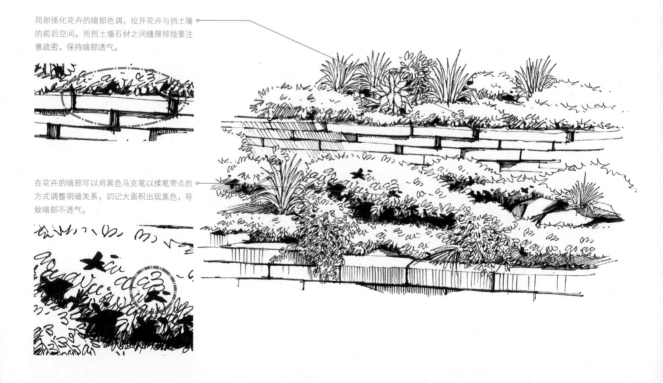

（5）用Touch9、Touch36、Touch59和Touch46绘制出草丛花卉的基本色调。

花卉的绿叶与花尽量分开画，绿色叶片的颜色
与花的颜色叠加在一起，后期不好表现出花卉
的质感。

（6）运用Touch48、Touch43、Touch46、Touch14和Touch83绘制出草丛花卉的暗部色调及过渡色调，进一步完善画面的基调。

草本植物叶片上色时，要将前几遍
的浅色调有所保留，这样色彩相对
要丰富，忌讳全部覆盖。

离视线较远的花卉，运用花卉固有偏
冷的紫色加深，使其视觉往后，可以
更好地塑造花卉之间的空间关系。

（7）运用冷灰系Touch CG1~ Touch CG4马克笔绘制出挡土墙石材的色调及远景植物的造型，塑造空间感，并用提白笔提出花卉高光部分，使花卉更加显眼。

背景植物可以运用不同灰色调表现出空间感。

挡土墙石材可以运用竖向的单行摆笔加以过渡。

运用提白笔为植物受光部提白，强化光影效果。

挡土墙石材上的叠加摆笔，通过叠加可以加深石材暗部的层次，做到想要的画面效果。

（8）整体调整画面，运用紫色彩铅、绿色彩铅和土黄色彩铅作为花卉与绿色叶片的过渡色，然后用Touch WG7局部加深挡土墙的深色。

画面边缘运用绿色彩铅斜向排线加以过渡，使画面过渡自然。

画高光时要注意运用提白笔在明暗交界处提白，并根据植物的叶片相应地确定高光部分的造型。

给挡土墙的石材加环境色时尽量加一些周围植物花卉的色调，这样整体画面会更加和谐。

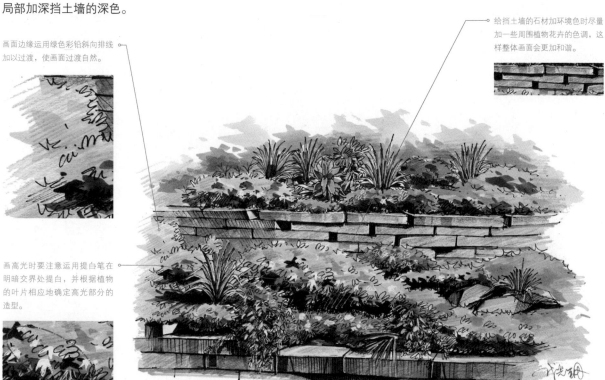

6.4 人物配景

6.4.1 人物的基本结构与比例

● 男女成人比例

人物头和身体的比例有一个口诀，即"站七、坐五、盘三半"，就是以一个头长为单位，全身为7+1/2头长，坐下有5头长，而盘坐起来则有3+1/2头长。

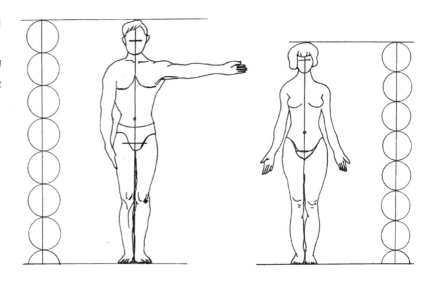

人体坐姿比例关系。

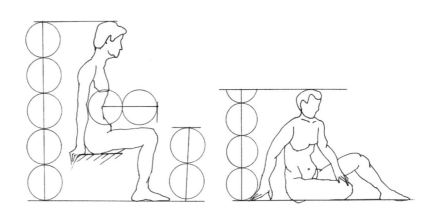

儿童，一般根据年龄的不同有会有所区别，但是基本上身高都呈现出5个~6个头长。

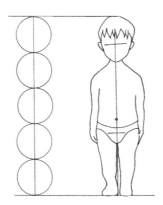

● 头与身体各部分的比例

颌底至乳头为1头长，乳头至脐孔为1头长，躯干为3头长，男性肩宽为2头长，左右髂骨前上棘间为1头长。上肢为3头长，上臂为1+1/3头长，前臂为1头长，手为2/3头长。

下肢为4头长，大腿为2头长，小腿为2头长，足底为1头长。

● 各种姿势比例

站立向上伸上肢，指尖最高为9+1/2头长；肘关节超过头顶，弯腰为5头长；跪为4+1/2头长；坐为6头长；席地坐为4头长。

初学者先从简易人物形态开始画，有利于初学者掌握人物的动态。

6.4.2 青年

（1）绘制出青年人的剪影轮廓，要求大体动态和比例准确。

（2）画出人物头部结构，交代好头、颈和肩三者的关系，并抓住人物的发型加以塑造。

（3）通过服饰的转折变化，确定好人物的四肢比例关系。

（4）调整画面，加强人物的明暗对比关系，处理好画面的疏密关系。

6.4.3 老年

（1）先画出老年人的轮廓，不用考虑细节和衣服的皱褶。

（2）画出老年人的五官及鞋，老年人的骨骼较为突出，在画的时候要注意骨骼的结构和位置，只需点到为止，不需要深入刻画，毕竟人物在景观当中只是作为一种配景出现。

（3）初步确定老年人的四肢基本结构，通过服饰的转折变化加以区分，使人物的基本结构准确。处理好人物头、颈和肩三者的关系。

（4）从老年人的裤纹开始刻画，理清裤纹的来龙去脉，然后画出座椅及行李包。

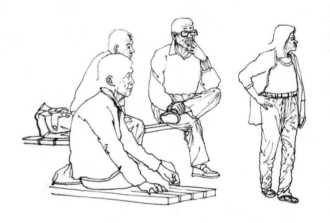

（5）加强老年人衣服纹理的刻画，与裤纹加以对比，做到疏密得当。

（6）回到人物头部的刻画，简单交代发际线和头发的造型，调整画面完成绘制。

6.4.4 儿童

（1）画出小孩的轮廓线，不考虑细节，这一步要求线条准确流畅，人物比例和动态准确。

（2）从小孩头部开始刻画五官，刻画五官要抓准人物的五官比例及位置，处理好儿童的头、颈和肩三者的关系。

（3）绘制出小孩的手，并通过服饰的转折变化初步确定小孩的四肢比例关系。

（4）绘制出部分头发、上身衣服纹理和裤子纹理，使得画面有生趣。

（5）绘制出整个服饰的转折变化纹理，加强小孩的灵动性，处理好画面的疏密关系。

（6）完成小孩头部的塑造，充实画面效果，统一画面的节奏。

（7）调整画面，加强小孩服饰的明暗关系，塑造光感，完成绘画。

6.5 汽车配景

　　汽车在景观当中常常作为配景出现，其作用是衬托主景，在景观场景当中也常常以参照物的形式出现。但是汽车的造型往往又是相对景观当中其他配景较难画的一种配景，流线型的外轮廓，做到线条流畅，造型准确是一件不容易的事，需要长期锻炼才能很好地掌握。

　　在长方体当中找汽车的透视关系。首先接触到汽车时不要考虑很多，找准透视关系，一笔不行就再画一笔，当掌握好透视之后就要追求线条的流畅性。

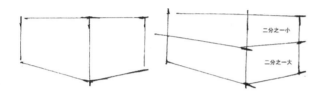 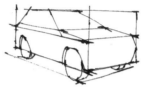 

6.5.1 汽车平面图线稿

（1）画出汽车平面轮廓线，注意线与线转折交接的地方要柔和，不要画得生硬，画出带弧度的转折线。

（2）区分好车身、车头与车尾，绘制出汽车前后玻璃的大体位置。

（3）绘制出车的顶棚与反照镜，仔细观察汽车，一般来说汽车的车头要比车尾长。

（4）调整画面，画出车头与车尾的纹理，画出汽车的灯。汽车前照灯的远光灯平面能看见，而尾灯常常在平面中结构不明显或看不见。这与前后弧度大小有关。

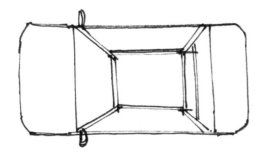 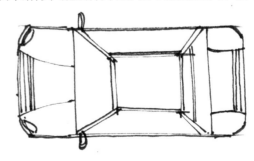

6.5.2 汽车前视图线稿

（1）绘制出汽车前视图的轮廓线，要仔细观察汽车的外轮廓，对比每个流线型的转折点，准确画出汽车的轮廓与透视关系。

（2）绘制出前车窗，注意用线流畅，表现出车窗的弧度。

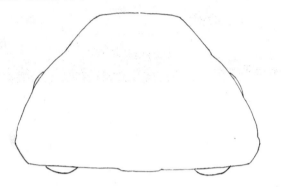 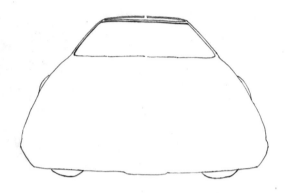

（3）绘制出汽车的零部件，如反照镜、晴雨挡与避雷针。

（4）绘制出汽车的保险盒、前照灯和近光灯的轮廓。

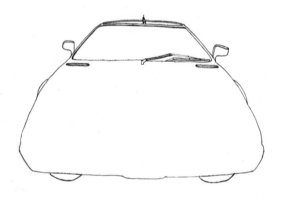 

（5）绘制出车头的远光灯、车头的凹凸结构与汽车的标志。

（6）整体调整画面，加强汽车的明暗关系。在画汽车明暗关系时，排线方向尽量一致，注意线条之间的过渡关系。

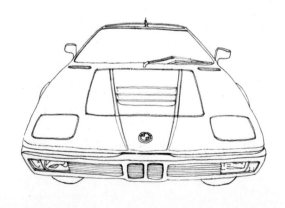 

6.5.3 汽车后视图线稿

（1）绘制出汽车后视图的轮廓线，用线要流畅自然，线与线的转折要柔和，以表现出汽车流线型的柔和感。

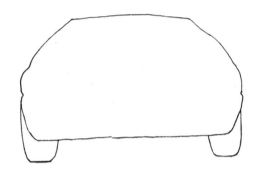

（2）绘制出后车窗的轮廓与反照镜的轮廓，并确定影子的大体位置。

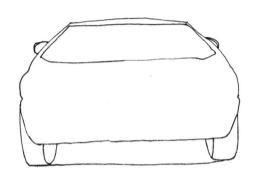

（3）绘制出车尾的凹凸结构，画出车轮的胎圈结构，并区分好钢丝圈与轮胎皮的关系。

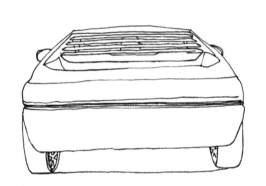

（4）绘制出避雷针的结构和车尾下部分的结构，用线流畅、自然生动。

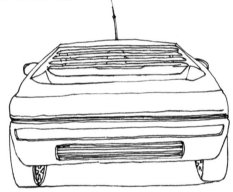

（5）绘制出汽车尾灯及汽车车牌号，完善汽车的零配件。

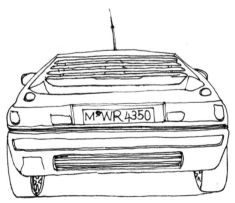

（6）调整画面关系，加强汽车的明暗关系，完善画面。

6.5.4 汽车侧立面线稿

（1）绘制出汽车左侧图的大体轮廓线，确定好车身、车头、车尾与车轮的位置关系。因为车轮和轮轴支撑着整个汽车的重量，所以要先确定车轮的位置。

（2）绘制出车轮的内部结构，如毂、轮盘、轮辋和轮胎。画出汽车反照镜，划分出车窗的位置。

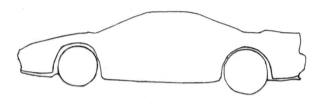

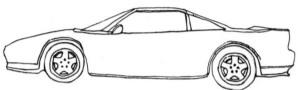

（3）绘制出车头与车尾的凹凸轮廓及前照灯，初步确定汽车的影子位置。

（4）画出车身的凹凸纹理和车门的位置，统一画面节奏，使得汽车绘制较完善。

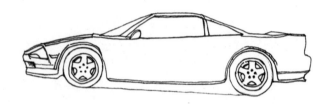

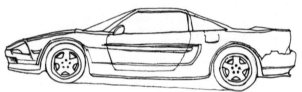

（5）加强汽车的明暗关系，排线方向尽量一致，一定要注意线条的过渡，线条与线条之间不要重叠或交叉，过多的重叠和交叉线条会导致画面暗部不透气。

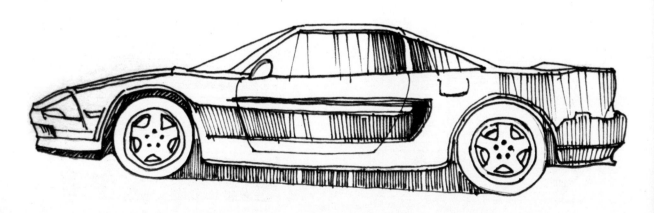

6.5.5 透视角度的汽车线稿

（1）绘制出汽车透视图的轮廓线，仔细观察汽车的整体造型，用线流畅自然，线与线的转折要柔和，绘制出汽车流线型的柔和感。

（2）绘制出车轮的造型，车身的纹理凹凸感，画出汽车左侧的反照镜。

（3）绘制出车窗和右侧反照镜。

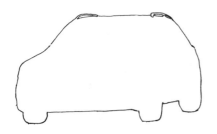
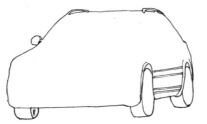
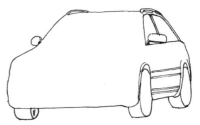

（4）绘制出车轮的内部结构，如轮盘、轮辆和轮胎，用要线肯定、流畅。

（5）绘制出汽车前窗和前照灯的远照灯，注意用线流畅，表现出车窗的弧度。

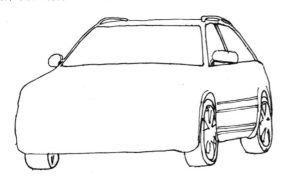
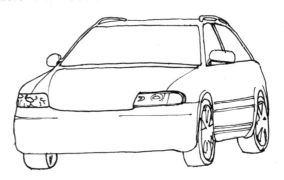

（6）绘制出车头保险盒及汽车标志，并用线加深明暗关系。

（7）加强汽车的明暗关系，注意线条的过渡。线条排列一致可以使画面效果统一且清新亮丽。

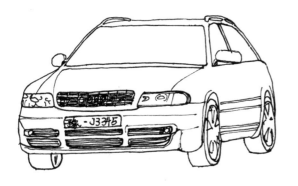

> **TIPS**
> 汽车的绘制在景观建筑当中讲究的是线条流畅，要有流线型的线条且透视关系准确。

6.6 景观石配景

6.6.1 景观石介绍

景石布景在建筑表现图中不仅起着分隔和扩张空间的作用，其中石材的纹理、轮廓、造型、色彩和意韵在环境中也可起到画龙点睛的作用。景石的运用，能够使画面显得更加生动活泼，更加精致，组成硬质景观与软质景观互相协调的效果。

在园林景观设计当中，常用的景观石有太湖石、千层石、泰山石以及置石。

太湖石示意图

千层石示意图

泰山石示意

置石示意图

6.6.2 景观石案例表现

主要用色

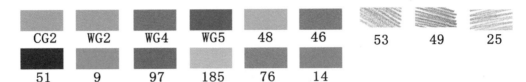

| CG2 | WG2 | WG4 | WG5 | 48 | 46 | 53 | 49 | 25 |
| 51 | 9 | 97 | 185 | 76 | 14 |

（1）绘制出主体石头的轮廓线，并将此作为参照物。由主体景物向周围扩散，绘制出局部的水生植物，丰富画面内容。

绘制石头时用线要流畅肯定，每一根线条都应该有虚实关系，转折停顿处，线条相对是较实且重。

可以运用带有一定弧度的几根竖线表现水流的方向，线条的特点是上实下虚。

（2）向周围扩散绘制出石头的轮廓线和乔灌木的树干与地被植物。

运用带有一定弧度的线条绘制前景中的植物叶片，在远景中运用小弧线概括出植物树冠的造型。前后植物形成虚实对比，从而拉开前后的空间关系。

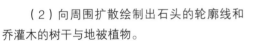

前景花卉叶片之间的缝隙可以运用美工笔的宽线条加深，拉开叶片之间的前后空间关系。

（3）用抖线画出树冠以及主景石头的背光面，然后画出树的暗部和地被的暗部，接着处理中景的水与前面石头的背光面，最后细致刻画石景周围植物的暗部，突出主景。

绘制树木的枝干要疏密有致，通过观察实际树木的枝干长势并做记录对绘画十分有帮助。

以石头为主体的画面绘制时要注意前后关系疏密结合，首先要确定主要表现的一块石头作为视觉中心并着重刻画。石头的转折比较多因此阴影关系较为复杂，刻画石头阴影时要先分析石头转折的方向和本身的结构，做到排线时心中有数。

用较重的色调刻画石景周围的植物暗部，做到植物与石景、植物与水景这三者关系明确。

（4）用TouchWG2完成石头的第一遍颜色，并用Touch48画出绿色植物的第一遍颜色，然后Touch48画出绿色植物的亮部颜色，接着用Touch9来完成花卉的第一遍颜色，起到点缀效果，最后使用TouchCG2完成画面当中偏冷的石头的背光和亮部颜色。

针对不规则的面，可以运用斜推的笔触来表现，避免平涂出现锯齿影响美观。

树冠的亮部高光可以通过留白来表现。

靠近画面边缘植物的过渡，可以运用扫笔绘制出虚实过渡关系。

（5）采用揉笔技法用Touch46画出绿色植物的固有色，使得画面柔和，然后用TouchWG4来完成石头的背光，并用Touch51完成绿色植物的暗部，接着用Touch97画出树干的第一遍颜色，最后用提白笔提出树枝的亮部和石头的亮部，处理好这些物体的细节部位，并用touch185来完成水的第一遍颜色。

树冠运用揉笔带点的方式加强树冠的暗部层次。

石头明暗交界线运用马克笔叠加刻画，强化明暗转折关系。

（6）用Touch76刻画水景，然后用Touch46完成前景中绿色植物第一遍颜色，接着用Touch51加深前景绿色植物的暗部，再用TouchWG5局部调整石景，加强对比关系，塑造强烈的光影效果。

天空可以用蓝紫色彩铅概括表现。

高光提白尽量在明暗交界线与暗部提白，明暗对比强烈方显效果，暗部的树枝尽量不要全部提白，部分受到树冠的遮挡处于暗部。

前景的绿色可以调节画面的冷暖关系与花灌木形成对比，可以用揉笔的处理手法及单色或双色进行绘制。

● TIPS ●

石头坚硬的感觉可以多画直线表现，然后加强明暗交界线使其有坚硬感。

6.7 水景配景

扫码看视频

6.7.1 水景介绍

根据水景的构造分为泳池、喷泉、瀑布跌水、池塘、溪流和混合水景等，水景是景观设计当中最常见的元素之一。

水景常常以动态水和静态水两种形式呈现。在表现动态水时，关键在于对水体波纹的处理，动态水景由于水面相对于静态水不是那么平整，所以反射出来的景象相对于静态水也就不是那么完整，这就是对动态水景处理的关键。而对静态水面的处理和镜面水面的处理基本是一样的，多出现在小面积较浅的水池，关键在于对反光的处理。

6.7.2 水景案例表现

主要用色

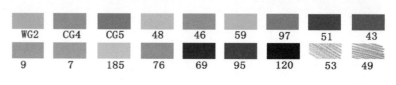

WG2	CG4	CG5	48	46	59	97	51	43
9	7	185	76	69	95	120	53	49

（1）画出乔木树干、灌木和水景周围的石头，并将其作为参照物。

用线讲究灵活生动，自然放松，在转折处的阴影交界处可适当停顿线条。

用线讲究生动灵活、自然放松，衔接的线尽量断开，避免出现黑点。

（2）画出乔灌木的树冠及地被植物，然后画出水的倒影，并加强乔灌木和石头的明暗关系。

乔木的树冠要注意明暗关系，暗面可适当多加线条，亮面注意留白处理。

配景植物的绘制要注意线条的放松，阴影要透气。

灌木及石头阴影处可使用排线加强明暗关系。

（3）用Touch48、Touch9、Touch185和TouchWG2确定大体色调，然后用Touch48上树的第一遍颜色，并用Touch9画出花卉的颜色，接着用Touch185画出水的颜色，最后用TouchWG2画出石头的暗暗关系。

第一遍上色时可先从颜色较亮的景物开始，这样可以有效地把控画面整体色调关系。因此图中第一遍上色先用Touch9将花卉重点突出。

注意树冠运用扫笔过渡，适当留白。

（4）用Touch46、Touch59、Touch120、Touch76、TouchCG4、TouchCG5、Touch97和Touch95进一步加强明暗关系，然后用Touch46画出树冠、灌木和花卉的叶片等，再用Touch59对树冠和灌木的颜色过渡，并用Touch120画出暗部色调，接着用Touch76画出水的暗部，面积相对Touch185要小，最后用TouchCG4加强石头的背光，再用TouchCG5调整石头明暗关系。

Touch97与Touch95 是用来表现树干的明暗关系的，面积虽小，体积感却不容忽视。

树冠的暗部运用揉笔带点的方式加深层次。

用高光笔提出花卉的亮部，拉开明暗对比关系。

（5）调整画面，并加强画面的
视觉中心，让画面干净利落。

水景的处理尽量做到不要涂满，
能留白就留白，靠周围的景物衬托。

植物亮部颜色要有所保留，切忌全部被覆盖。

局部可以使用提白笔和修正液提白；水的暗部用Touch69加深。

第 **7** 章

景观设计综合案例表现

- 居住区玻璃景观综合表现
- 木栈道景观空间综合表现
- 居住区景观植物与喷泉表现
- 公园跌水景观空间综合表现
- 别墅景观空间综合表现
- 公园水景空间综合表现

7.1 居住区玻璃景观综合表现

主要用色

| 48 | 46 | 43 | WG2 | 7 | WG7 | CG2 | CG3 | 29 | 64 |
| 76 | 120 | WG2 | WG3 | WG5 | 49 | 53 | 25 | | |

扫码看视频　扫码看视频

（1）从主体玻璃采光井出发，绘制出采光井的透视结构。

线条衔接的地方应断开，避免线条重叠，出现黑点影响画面的效果。

采光井的透视关系，是整个画面最难的部分。在刻画时要注意采光井构架的透视线的走向。在刻画构架时一定要多对比。

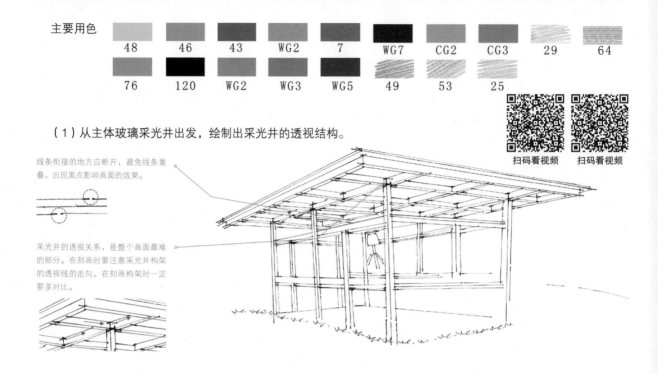

（2）绘制出背景建筑及建筑周围的植物，并进一步加深建筑暗部层次，进一步拉开建筑、植物和玻璃采光井三者的空间关系。

背景建筑只需绘制出建筑的基本框架即可。用线要肯定与概括。

采光井构架背光部分，运用竖向与斜向的排线表现，但要注意排线的疏密关系，排线尽量一遍到位。

通过对背景建筑暗部的加深，拉开植物、采光井与建筑三者的空间关系。

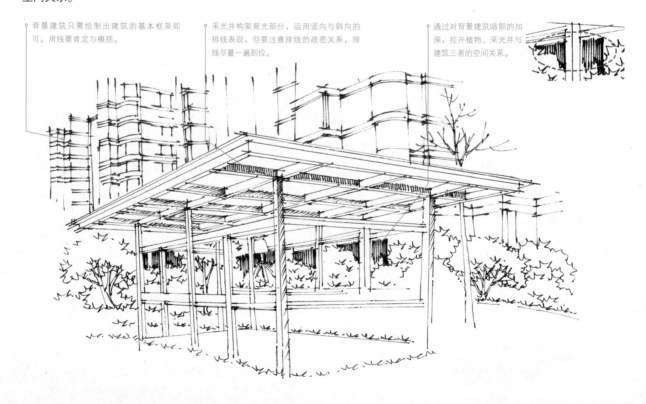

（3）绘制出前景植物，并绘制出采光通风口的材质，然后进一步处理画面的空间关系。

采光通风口的暗部，米用不同方向的斜线表现，拉开通风采光口的明暗关系。

前景植物的树叶，用带有一定弧度的线条表现，使叶片显得真实。

绿篱通过竖向与抖线表现出明暗层次，塑造出体积感与空间感。

边缘压边植物要注意植物叶片的前后穿插关系，理清叶片的来龙去脉。

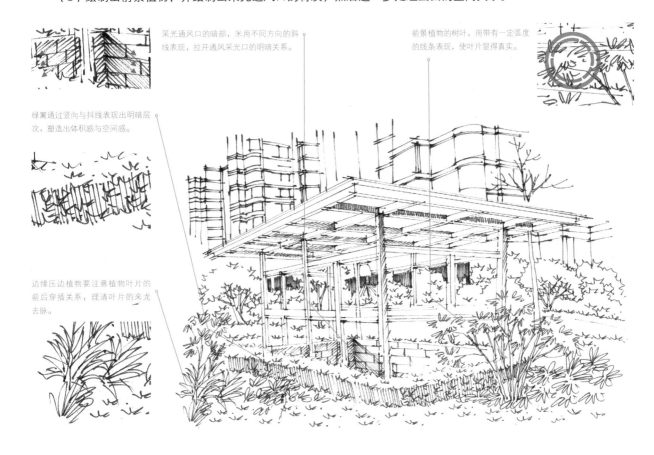

（4）调整画面的明暗关系，进一步突出画面的主体采光井。

远景植物层次可以通过斜向的排线，拉开不同植物的前后关系。

运用连笔的排线与抖线绘制出植物暗部层次关系。

（5）用Touch48绘制出植物的亮部色调，然后用Touch46与Touch9绘制出植物的固有色。

背景植物运用竖向平涂，快速大面积地绘制，铺满树冠，同时要注意树冠的留白与过渡。

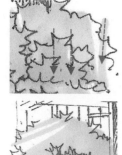

（6）用TouchCG3绘制出玻璃采光井构架的暗部色调，然后用TouchWG2绘制出背景建筑的暗部色调，接着用Touch43与Touch7加深植物的暗部色调，最后用TouchWG5绘制出建筑深层次。拉开建筑与植物的前后空间关系。

背景建筑运用TouchWG2大体绘制出暗部及建筑的结构，丰富画面内容。

有色叶植物的树冠暗部运用Touch7加深暗部深层次。进一步塑造植物的体积感。

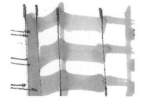

采光通风口的暗部运用偏暖的TouchWG5表现，亮部运用TouchCG2表现。亮部与暗部形成冷暖对比。

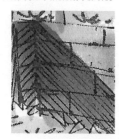

植物暗部运用Touch43整体加深，拉开明暗关系。注意绿篱上的投影要按照它的结构绘制。

（7）用Touch76与蓝色彩铅绘制出玻璃顶的色调，并用提白笔提出高光，表现出玻璃材质的质感，然后用TouchWG5进一步加深玻璃采光井构架的深层次，增强玻璃采光井的立体感，接着用提白笔提出植物的高光，塑造画面的光感。

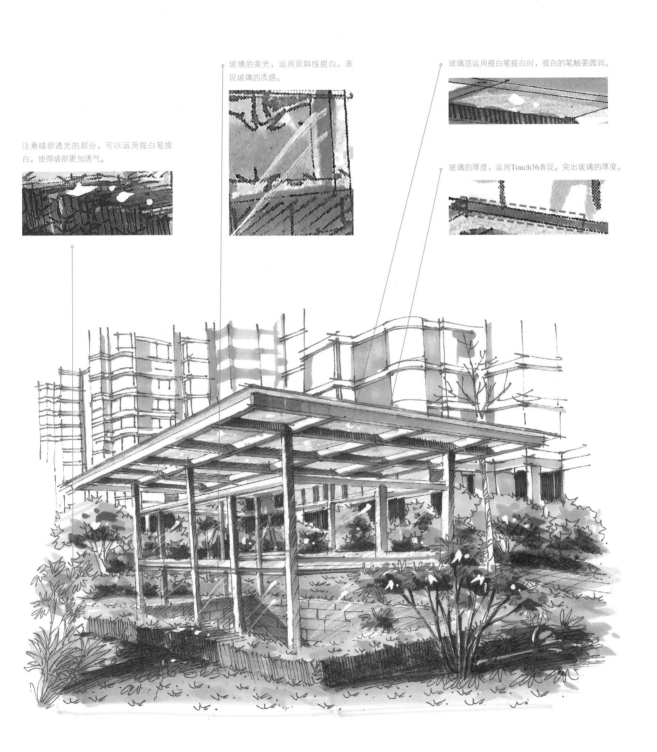

玻璃的高光，运用双斜线提白。表现玻璃的质感。

玻璃顶运用提白笔提白时，提白的笔触要圆润。

注意暗部透光的部分，可以运用提白笔提白，使得暗部更加透气。

玻璃的厚度，运用Touch76表现。突出玻璃的厚度。

（8）用Touch120加深画面的深层次，然后用TouchWG7绘制出建筑的暗部深层次，并用彩铅绘制出背景建筑玻璃色调及玻璃采光井的环境色，丰富画面的色彩。

背景建筑玻璃运用蓝色彩铅表现，大体绘制出玻璃的色调。

树冠上的提白，笔触圆润，在画面深色调与明暗交界线上提白，能使画面效果更响亮。

（9）用TouchWG5结合赭石色彩铅绘制出背景建筑的背光面及采光井的暗部深层次，完善画面内容。

采光通风口的亮部要注意环境色对它的影响，用蓝色、绿色及紫色彩铅表现环境色对其影响。

背景建筑的背光，运用赭石色彩铅整体过渡加深建筑的背光深色调，拉开玻璃采光井与建筑的空间关系。

采光井构架，通过周围建筑环境的加深，衬托出构件的形体。

建筑暗部的过渡要注意，通过马克笔的侧峰绘制出细线条，以Z字形过渡。

TIPS

玻璃透明浅淡的色调，可以通过对周围环境的加深，衬托出玻璃的质感。

7.2 公园跌水景观空间综合表现

主要用色

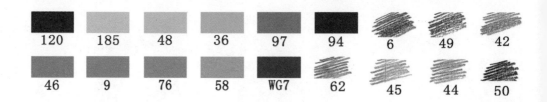

120	185	48	36	97	94	6	49	42
46	9	76	58	WG7	62	45	44	50

扫码看视频

（1）确定景观的大体透视线和主景植物，使主景植物成为参照物。

将主体物放置在画面的中心位置，并自始至终对其进行最细致的刻画以加强画面的层次感。

绘制过程当中一定要注意线条的流畅，画面干净利落，不拖泥带水。

上色的线稿应相对简洁，主要是通过马克笔来完成后面的任务，在很多情况下配景形体都是用马克笔笔触表现出来的，这样画面显得高级，且画者功底深厚。

（2）绘制出灌木和草地，并用抖线区分开它们的明暗和虚实关系。

注意画面的取舍关系，远处景物适当减少刻画以突显主体物和前景物体。

近景灌木和草地的明暗对比应该强一些，远景灌木和草地的明暗对比应该弱一些。

（3）绘制出画面中色调较重的景物，为画面的中心和重心的稳定奠定基础。

这一步的构图在某种意义上来说就是调节整幅画面明暗色调的一种方式，为最终色稿起到一个标记符号的作用，因为这些重色调的雪松所处的位置在远景，不需要把它们画得很细，但是为了整幅画面的最终效果，它们常常起到调节画面重心的作用。

同样注意前后关系，细节可参考上一步，此处不做具体解释。

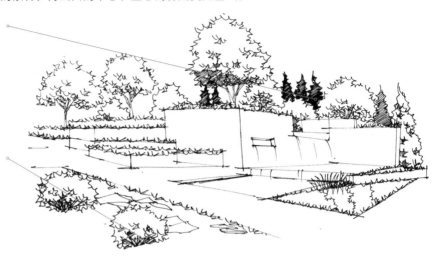

（4）深入刻画，添加画面细节，如水景墙体铺装和阴影关系等。

要有整体意识，画细节和明暗关系时，画一段时间，建议大家把画面放在离自己视线稍微远一点的距离来观看，审视画面的效果，如透视、明暗关系和铺装的一些尺寸大小等，在画面当中是否合适，是否恰到好处。

绘制主体物墙面的线段要灵活生动，且排列要注意变化。

绘制画面中的水景墙要注意留白，使得整体墙面透气有层次关系。

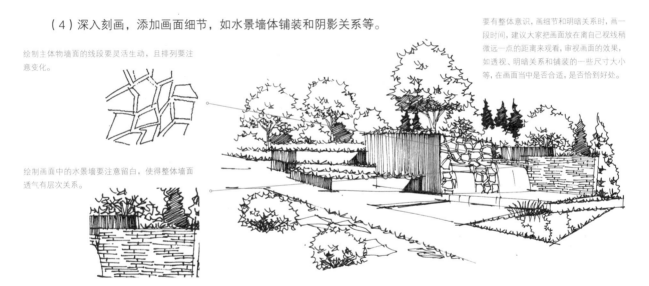

（5）加强明暗关系，确定景物影子的具体位置。

主体物附近的阴影和前景物体的阴影可加强刻画从而增加画面的空间感。

画影子的时候切记要透气，排线尽量不要重叠和交叉。

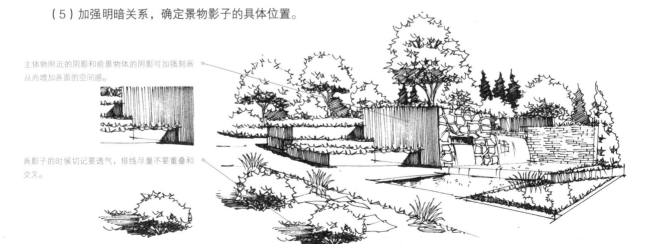

（6）用Touch120黑色马克笔加强画面的光感，使画面响亮，同时也需要使画面的暗部透气，不要全部涂黑。

建议初学者使用快没水的Touch120进行绘制，可以得到更好的效果。

通过Touch120的干笔触压住前景空白区域，使得画面整体明暗得以平衡，并有效地突出主次关系使得色彩感更加强烈。

（7）用Touch185画出水景色调，然后用黄色系列和褐色系列的彩铅画出水景墙受光面的铺装，并用Touch48给前景草地和地被上第一遍颜色，接着用Touch46画出绿篱和乔木的第一遍颜色，再用Touch97和Touch36画出水景乔木的色彩，最后用Touch9画出水景墙孤赏树下的地被花卉和魔纹花坛的颜色。

上色时注意主次关系，画面中心的主体物可用丰富的颜色进行刻画，远景及画面边缘位置的景物可适当留白。

（8）用Touch76强化水景色调，然后用Touch47画出前景草地和地被的第二遍颜色，接着用Touch58画出绿篱和乔木的第二遍颜色，再用Touch1画出水景乔木树干的色彩，最后用提白笔和修正液提高光。

使用提白笔和修正液加强高光时注意不要拖泥带水，点到为止即可。

7.3 木栈道景观空间综合表现

主要用色

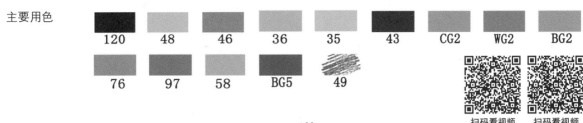

| 120 | 48 | 46 | 36 | 35 | 43 | CG2 | WG2 | BG2 |

| 76 | 97 | 58 | BG5 | 49 |

（1）画出大的透视线，定好物体的位置，并留出配景物体的空间。

要留有足够的空间画配景，有利于上色时烘托主体景物。

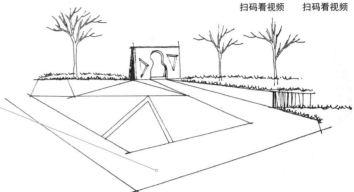

（2）画出中景和前景的配景，如右图的景观小品、树池和地被植物，以及在景观当中起主导作用的乔灌木树干等。

配景可以根据个人习惯绘制，不过一定要注意每个地方画到什么程度就该收手这是最重要的。右图是从左至右画的一张线稿图。

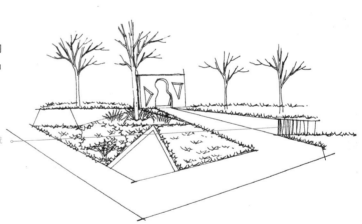

（3）有选择性地绘制画面中的景物，画出景观最吸引人的地方，如右图选择的是前景中的棕榈树、地被植物和小灌木重点进行刻画，以及周围树池中比较有特色的植物等。

这一步的选择往往决定着整幅画面哪些是吸引人的景观元素，决定着画面的趣味性和生动性。

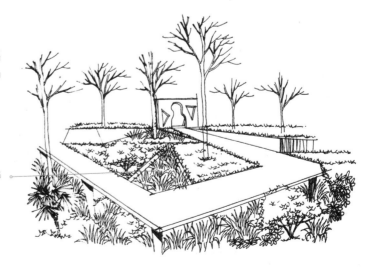

（4）调整画面的节奏，将架空的过道从某一点开始交接画出，并慢慢地推向远景的植物，然后调整前景的一些明暗关系，使得画面相对完整，达到画面协调的一种视觉效果。

这一步是局部景观调整的一个阶段g

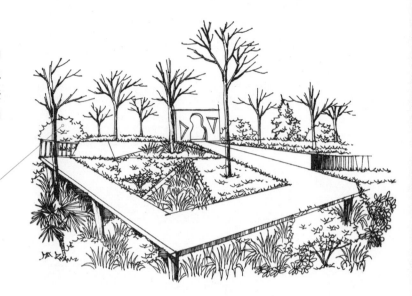

（5）绘制出乔灌木的树冠，并加强前景的一些明暗关系，使得画面相对前几步较完善。

这是加强主景刻画的一个重要阶段，在这个阶段将把架空过道的扶手完整地绘制出来，充实画面的内容。

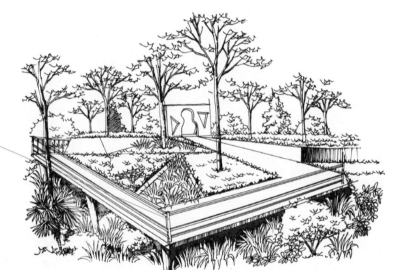

（6）用Touch120加强明暗体块，调整好画面的整体明暗关系。

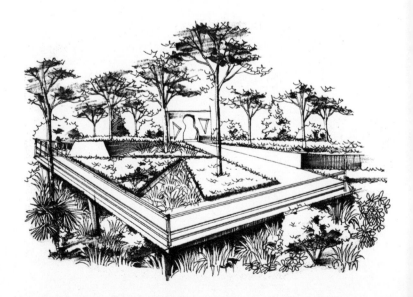

（7）用Touch48画出乔灌木的亮部，然后用Touch9画出花卉的亮部色调，奠定画面的基调。

（8）用Touch46和Touch76画出乔灌木的暗部，然后用TouchCG2画出树池的背光，拉开明暗关系。

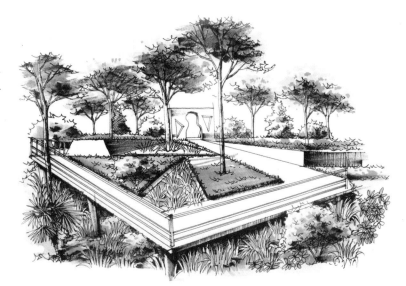

（9）用Touch97画出前景植物的暗部和树干的颜色，然后用Touch58画出前景小乔木的过渡色，接着用Touch36画出架空过道的亮部颜色，最后用Touch35过渡乔木亮暗部色调。

（10）用TouchCG2、TouchBG2和TouchWG2画出远景的乔灌木，使画面景深感更加强烈，达到近实远虚的效果。

（11）用TouchBG5画出树的影子，然后用Touch97画出架空过道的固有色，接着用Touch43画出前景绿色植物的阴影，最后分别用TouchBG2和TouchBG5画出过道扶手的亮部和暗部色调。

（12）用彩铅过渡画出云彩，然后用修正液提白，塑造强烈的光感，调整画面完成绘画。

7.4 别墅景观空间综合表现

主要用色

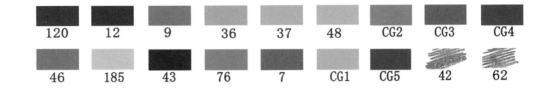

| 120 | 12 | 9 | 36 | 37 | 48 | CG2 | CG3 | CG4 |

| 46 | 185 | 43 | 76 | 7 | CG1 | CG5 | 42 | 62 |

（1）绘制出前景右侧的乔灌木，并加强它们的明暗关系，使其成为参照物。

（2）依据参照物画出参照物周围建筑的轮廓，并画出建筑物窗的结构。

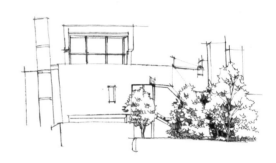

（3）绘制出左边远景建筑的轮廓，并画出画面颜色较重的雪松。

（4）绘制出前景的草地、乔灌木的轮廓和建筑物后面的乔木，然后用抖线刻画出它们的明暗关系。

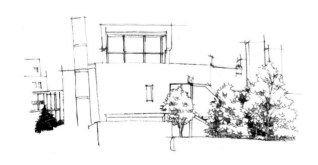

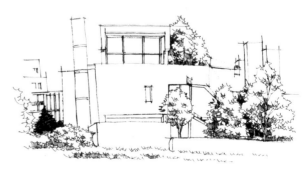

（5）调整画面，画出阴影。

要想画出阳光明媚的建筑景观场景，光感和阴影的处理显得非常重要。阴影是体现光感的一个很直接的表现形式，如这幅画中的房子和乔灌木的光感体现，成为这张画成功与否的一个重要因素。

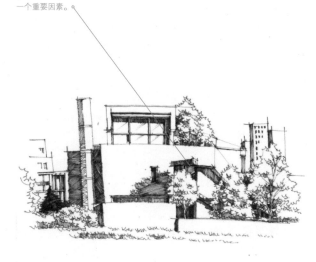

（6）用马克笔Touch12画出红色的玻璃罩，然后用Touch9画出花卉，接着用Touch36和Touch37画出金黄色的乔木，最后用Touch48和Touch46画出前景绿色植物。

在上色之前应该先确定不同景物的色相，然后才挑选马克笔。

（7）用蓝色系列的Touch185马克笔画出玻璃，注意留白，然后用TouchCG1~TouchCG5马克笔画出建筑与树的阴影，接着用Touch37加强黄色树的明暗对比关系，最后用Touch43加强绿色植物的明暗对比关系。

（8）用Touch76强化玻璃，并用揉笔的方法画出蓝天在玻璃上的形状，注意白云是由蓝天衬托出来的，然后用Touch7加强花卉的明暗对比关系，接着用提白笔和修正液把需要提白的地方提白，最后用彩铅画出物体的反光及环境色。

色彩之间有联系，相互呼应，这样的画面才会显得生动不孤独。

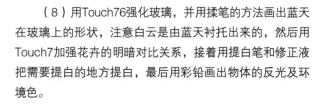

7.5 居住区景观植物与喷泉表现

主要用色

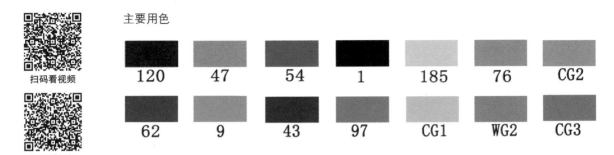

| 120 | 47 | 54 | 1 | 185 | 76 | CG2 |
| 62 | 9 | 43 | 97 | CG1 | WG2 | CG3 |

（1）从乔木的树干开始画出整个画面内容。

（2）把控节奏，画出近景涌泉水池和水柱，然后画出中景和远景中的乔灌木轮廓及建筑轮廓，接着画出中心乔木下的休息座椅及人物，最后画出绿篱的明暗关系，使画面较为完善。

树枝与树干的生长是两头大中间小，有一定的弧度。两头是连接枝干与分叉的地方。

远景乔灌木往往用抖线画出外形即可。

注意树枝与树干的走向穿插，画出其中的地面线和石头围合的树池。

（3）绘制出乔木的树冠，并用抖线区分它们之间的明暗关系。

（4）用斜线画出乔灌木的明暗关系，统一光影效果，并绘制出前景草地和草地上的地被植物，然后加强塑造石头的明暗关系。

涌泉水柱用竖线局部加深，溅起的水花与水滴用点或者是带有弧度的线来表现。

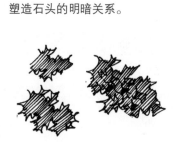

树冠暗部用排线表现，先用斜线排列，然后用抖线过渡明暗。

石头细节在用排线表现时注意排线的过渡关系，灰面用线稀疏，暗部排线密集。

（5）绘制出前景铺装，并加强前景地被植物的明暗关系，使得画面效果统一。

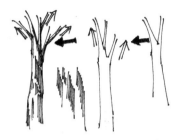

树干的绘制要注意树干的生长走向，下大上小，越往上越小。树皮用错落的线条表现出粗糙的感觉。

（6）用中黄色彩铅画出乔灌木树冠的亮部色调，然后用蓝色彩铅画出天空的色调，并着重表现天空的色彩，接着用不同组向的笔触表现出云彩造型。

天空云彩先用彩铅17和彩铅19画出细腻的线条。

（7）分别用Touch47、Touch97和Touch54画出浅绿色树冠的色调、偏暖色调的树冠和深绿色色调的树冠，然后用Touch47画出前景草地的色调，接着用偏紫色的彩铅过渡天空色调，并用卫生纸擦拭使之柔和。

（8）用Touch54过渡树冠色调，并用Touch97和Touch1画出树干的色调，然后用TouchCG1和Touch3画出乔木的明暗色调，再用中黄色彩铅画出前景铺装的亮部色调，接着画出建筑物的色调。

用Touch185、Touch76和Touch62画出玻璃的明暗层次，建筑物的背光使用TouchWG2来表现。

天空云彩先画出细腻的线条，然后用卫生纸擦拭。

玻璃的细节表现，用揉笔带点的笔触先画出玻璃的固有色，然后用彩铅过渡。

（9）用TouchWG2和TouchCG2画出地面铺装的色调，并结合彩铅加以完善，然后用Touch9点缀树及花卉色调，再用Touch185结合蓝色彩铅画出水景色调，接着表现玻璃和水景的环境色，最后用黑色马克笔来加强画面明暗关系。

水和玻璃环境色的表现，先画出水与玻璃的固有色，然后用彩铅加上周围物体颜色作为环境色。

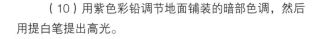

（10）用紫色彩铅调节地面铺装的暗部色调，然后用提白笔提出高光。

注意高光的明暗。

地面阴影用物体的补色来绘制。画面整体是黄绿色调的，那么补色为红紫色。用彩铅在地面铺一遍红紫色。

TIPS

天空的3种画法。

第1种：马克笔加彩铅绘画。

第2种：彩铅绘画。

第3种：马克笔的绘画。

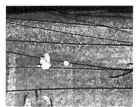

7.6 公园水景空间综合表现

主要用色

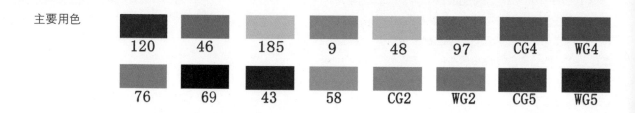

| 120 | 46 | 185 | 9 | 48 | 97 | CG4 | WG4 |
| 76 | 69 | 43 | 58 | CG2 | WG2 | CG5 | WG5 |

（1）绘制出石头的轮廓线、乔木树干和灌木。

（2）用抖线画出乔灌木的外轮廓，然后用流畅的线条画出石头的外轮廓，并深入刻画石头暗部和水中的倒影。

画石头时用线要肯定、流畅，使得画面自然。石头用线流畅、肯定、不犹豫，这样画出来的线条才能表现出石头的坚硬质感。

水中的倒影是与物体成垂直关系的，用连笔画出波动的水纹。若光感较强灰面可以不上调子。

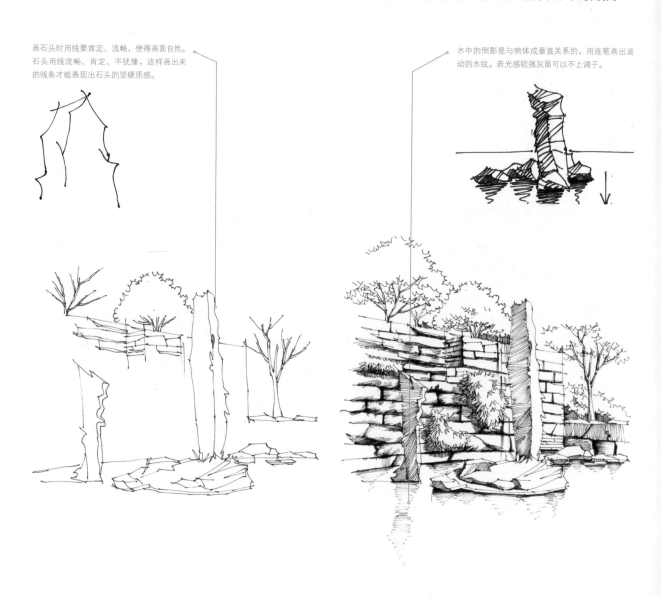

（3）用Touch46来画出乔灌木的固有色，局部留白，然后用Touch120加深乔灌木的暗部塑造强烈的光感，并用Touch185画出水的第一遍颜色，渲染出亮丽清新的感觉。接着用TouchCG2完成石景墙的背光表现，最后用TouchWG2画出水中石柱的背光，再用Touch9画出石景墙上的花卉。

（4）用Touch48来画出乔灌木的亮部颜色，然后用修正液和提白笔画出乔灌木亮部和高光，塑造强烈的光感，再用Touch97画出树干，接着用Touch76来画出水的第二遍颜色，并用Touch69强化水的暗部，加强水的塑造，保持画面亮丽清新的效果，最后用TouchCG4完成石景墙的背光，用TouchWG4来完成水中石柱的背光，用touch9画出花卉在水中的倒影。

画乔灌木亮部颜色时，可以采用局部留白的技法。

石头与水面交接的地方用Touch69加深，拉开水与石头的界面。

（5）用Touch58过渡乔灌木的亮部与暗部颜色，然后用彩铅过渡水景，画出水景中的环境色，再用TouchWG5强化水中的石柱暗部，加强主景的明暗关系，保持画面亮丽清新的效果，接着用TouchCG5完成石景墙的背光，形成前后冷暖对比的效果，最后用彩铅过渡乔灌木的树冠，完成最终的效果图。

◦ TIPS ◦

水景的环境色可以用彩铅绘制，这样容易掌控画面。

第 8 章

景观设计平面图手绘表现

- 景观设计平面绘制
- 景观设计剖立面图绘制
- 景观设计鸟瞰图绘制
- 景观设计分析图绘制

图例：

主入口（南门）

次入口（北门）

停车场入口

主干道（7.0m不通）

次干道（2.5m）

游路（1.5m）

流水方向

8.1 景观设计平面绘制

8.1.1 景观平面图绘制要点

第1点：了解建筑总平面图中图例表达符号，熟悉图名、比例、图例及有关文字说明的标准范例。总平面图一般采用较小比例绘制，尺寸标注以m为单位，图中许多内容是通过图例来表达的。

第2点：了解建筑的性质、用地范围、地形地貌与周边环境等情况。

第3点：绘制图形。绘图时要遵守图例要求，如新建建筑物用粗实线绘出水平投影外轮廓；原有建筑用中实线绘出水平投影外轮廓；建筑的附属部分，如散水、台阶、水池和景墙等，用细实线绘制，也可忽略不画；种植图例可依照种植常用图例符号绘制。

第4点：标注定位尺寸或坐标网。

第5点：绘制比例尺、风玫瑰图，注写标题栏。

由于总平面图的区域较大，一般采用较小比例，如1:300、1:500或1:1000。图中尺寸数字单位为m，比例尺常用线段比例尺表示。

总平面图上通常有指北针或风向频率玫瑰图，以指明该地区的常年风向频率和建筑物的朝向。

扫码看视频　扫码看视频

8.1.2 植物平面图绘制步骤

● 范例一

（1）画出不同植物平面图例的轮廓，然后画出乔木的枝干。

（2）用美工笔或Touch120画出植物平面图的影子。

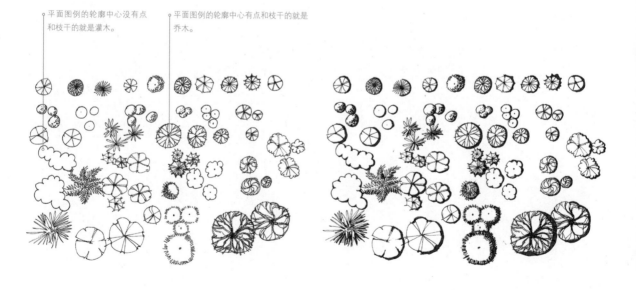

平面图例的轮廓中心没有点和枝干的就是灌木。

平面图例的轮廓中心有点和枝干的就是乔木。

（3）用绿色和黄色系列的马克笔画出植物平面图的第一遍颜色。

（4）用彩铅仔细过渡明暗部分，尤其是亮部。

植物平面图一定要围绕结构和明暗关系绘制。

亮部可以采用留白的方法，确定植物的明暗关系。

为了使画面亮丽清新，可以用中黄色彩铅画出亮部的色彩。

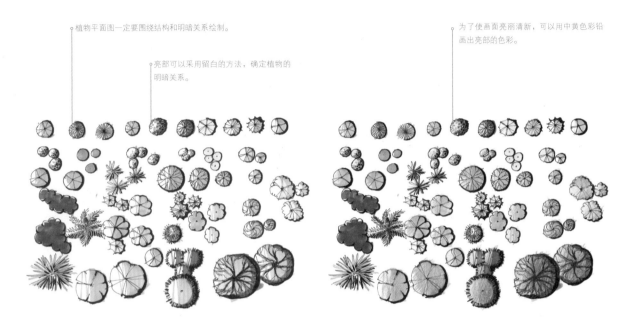

（5）用不同的绿色系马克笔画出植物平面图的中间色调，加强画面的明暗关系。

（6）用绿色彩铅过渡，调整画面，使得画面和谐自然，然后用提白笔提出高光，塑造强烈的光影效果。

● 范例二

（1）确定比例和指北针，然后画出景观植物平面的外轮廓线，并加强画面的明暗关系。

（2）用黄色彩铅画出植物平面图的亮部色调，然后用Touch9和Touch47画出点缀的花卉和土麦冬的色调。

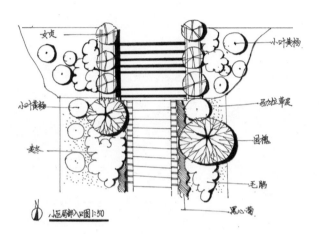

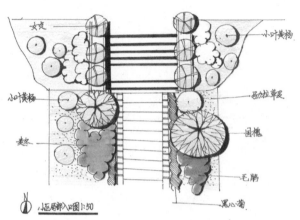

（3）用绿色彩铅画出草地的颜色，然后用褐色与中黄色彩铅画出铺装色调，调整统一画面色调。

（4）用Touch50加深平面植物背光面，画出暗部阴影的色调，然后修整画面。

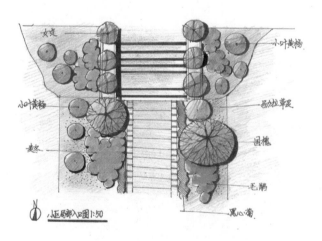

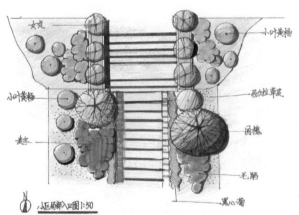

⊙ TIPS ⊙

植物平面图要注重暗部、体积及色调关系。

8.1.3 总平面图绘制步骤

（1）确定比例和指北针，然后画出景观总平面的外轮廓线，并初步划分功能分区的面积，如交通和绿化功能。

交通和绿化分区的轮廓线在景观当中多以弧线或曲线为主。用弧线或曲线表现是因为景观设计当中很多景物的分布讲究曲径通幽。

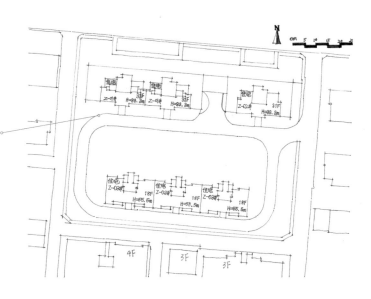

扫码看视频　　扫码看视频　　扫码看视频

（2）进一步绘制出平面当中的景观布置。规划好停车位、地下车库入口、节点、观点与特色地面铺装。

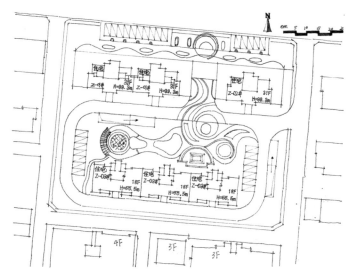

（3）完善地面铺装与景观植物平面的绘制，丰富画面层次。

地面铺装与植物冠幅不可画得太大，画平面树时多与道路对比。在画植物平面图时要遵循先画乔木，再画灌木，最后画草地的顺序。始终要明白，在平面图当中植物密集的地方我们能看见完整形体的只有最高的乔木，其他灌木和草地多多少少会被乔木遮挡一部分。

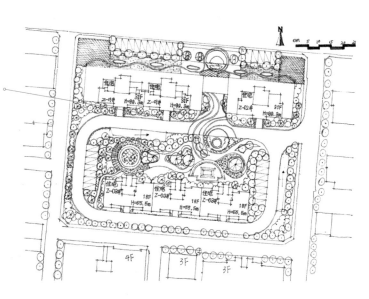

（4）根据已知的总用地面积、净用地面积和绿地面积等计算出相关的经济技术指标。

绿化率=绿地面积÷规划建设土地面积；
容积率=地上总建筑面积÷规划用地面积。

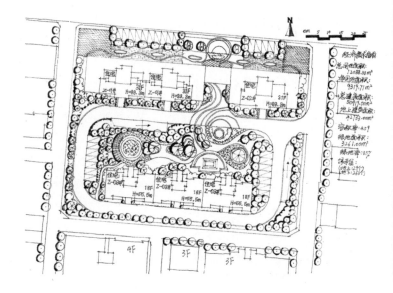

（5）用TouchWG5、Touch48、Touch46和Touch9画出乔灌木及有色叶木的第一遍颜色。

第一遍亮色调绘画运笔要快速，避免留下水印。

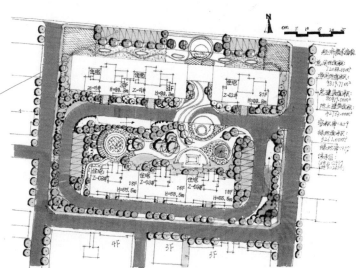

（6）绘制绿化区域的乔灌木及绿篱等，并细致刻画节点景观。

植物的分布讲究疏密适当。杜绝把一块场地全部都种上树，并用彩铅合理过渡。

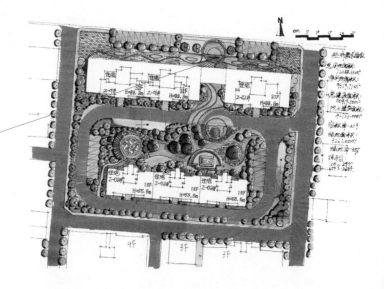

（7）用TouchWG4绘制出建筑的投影，强化暗部层次关系，加强明暗对比。

调整后的画面应该整体和谐、自然，乔灌木及草地的分布层次明确，景观当中道路划分明确、清楚等。

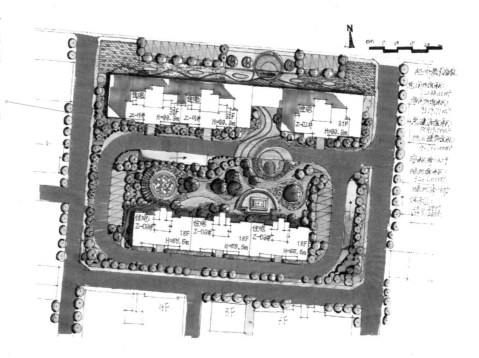

（8）用提白笔提出水景与植物的高光，增强画面的明暗对比，然后用Touch46和绿色彩铅过渡画面，使画面过渡自然和谐。

用马克笔对边缘进行过渡时，运笔要快，运用马克笔与彩铅相结合，从中间向边缘过渡。也可以运用扫笔过渡。

红色虚线范围内表示用地红线。

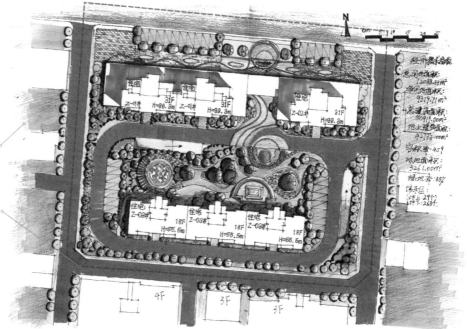

8.2 景观设计剖立面图绘制

8.2.1 景观剖立面图的绘制要点

景观剖立面图的绘制需要注意以下4点。

第1点：一般景观剖立面图的比例是1∶100，常用cm作为尺寸单位。

第2点：特殊的剖立面断面节点详图比例常常是：1∶50、1∶40、1∶30、1∶20、1∶10和1∶5的比例出现。

第3点：绘制剖立面图时为了区分不同的物体和剖切部分，要用不同粗细的实线来绘制。

第4点：剖面图一般是用字母A—A剖面图和B—B剖面图或者是1—1剖面图和2—2剖面图等表示。

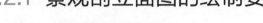

扫码看视频

8.2.2 景观的剖立面图的绘制步骤

● 立面图绘制

（1）确定比例尺和地面的起伏线，画出地面的图例符号和基本的尺寸标注。

（2）绘制出主要的景观，如亭子和桥，以及其他我们视线所能看见的部分。

这一步还需要画出配景人物，作为比例与尺度的一个衡量比对。

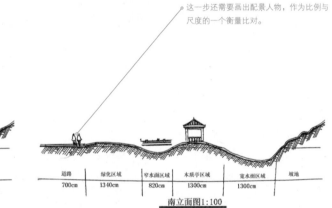

（3）绘制出右边的灌木和驳岸置石，并局部加强它们之间的明暗关系。

（4）绘制出亭子周围和左边行人旁的灌木及地被植物，使得画面节奏统一，画面整体和谐。

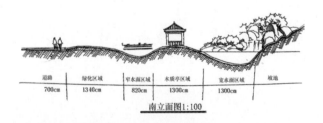

（5）绘制出亭子周围的乔木及右边的雪松和乔木。

绘制出乔木和雪松后，使得植物之
间层次丰富。不过在乔木配置上，
应当错落有序。

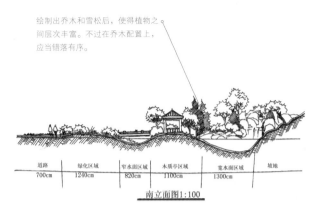

南立面图1:100

（6）绘制出左边的乔木及建筑轮廓线，然后调整画面的明暗关系。

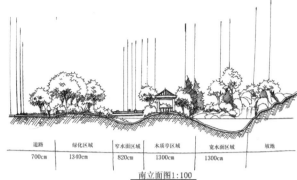

南立面图1:100

（7）用黄色彩铅画出乔灌木的整体亮色调，然后用Touch50画出雪松的色调，接着用TouchWG5画出土地颜色。

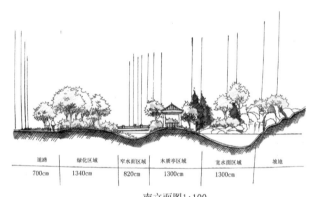

南立面图1:100

（8）用绿色彩铅画出乔木的过渡色调，然后用Touch35画出亭子周围乔灌木的过渡色调，局部过渡色调用Touch97来点缀，并用Touch97将桥和亭子的固有色画出来，接着用蓝色彩铅画出水面的颜色，最后用暖灰色彩铅画出建筑物的色调。

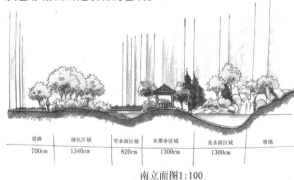

南立面图1:100

（9）用Touch46画出乔灌木的固有色，然后用Touch120画出乔灌木的暗部色调，再用Touch96画出亭子的暗部色调，接着用TouchWG2和Touch5画出石头的背光，最后用暖灰色彩铅加深建筑色调。

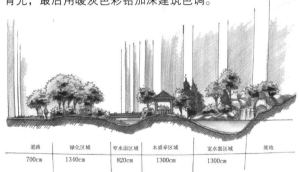

南立面图1:100

（10）用TouchWG5画出树干的颜色，然后用蓝色彩铅画出天空的色调，使得画面完整统一，接着用提白笔提出高光，使得画面光影效果强烈。

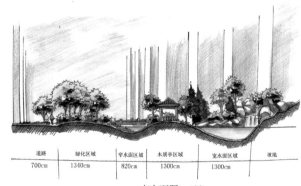

南立面图1:100

● 竖向设计立面标高绘制

（1）确定比例尺和地面的起伏线，画出地面的图例符号及基本的尺寸标注。

（2）绘制主要景观，如亭子和桥，以及其他我们视线所能看见的部分。

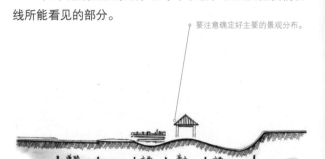

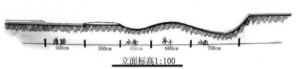

（3）绘制出乔灌木，并加强它们之间的明暗关系，然后画出配景小汽车，接着绘制出地面标高尺寸。

（4）绘制出建筑轮廓线，使得画面充实，然后调整画面的整体明暗关系、虚实关系以及植物的分布关系。

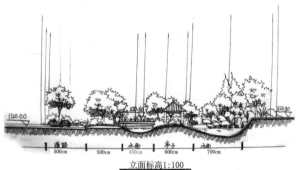

（5）用黄色和绿色彩铅画出乔灌木的整体亮色调，然后用Touch97画出亭子和平桥的色调，接着用TouchWG5画出土地的颜色。

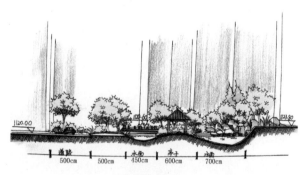

（6）用Touch46画出乔灌木的固有色，然后用Touch35画出偏黄色调的乔木，接着用Touch50画出雪松的颜色，再用TouchWG2画出石头的背光，最后用暖灰色彩铅画出建筑色调。

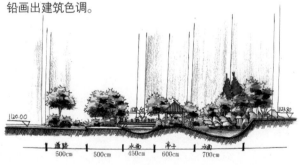

（7）用Touch120画出乔灌木的暗部色调，然后用Touch97画出偏黄色调的乔木，接着用彩铅画出水面的颜色及乔灌木树冠的过渡色，最后用TouchWG5画出石头的暗部。

（8）用Touch97画出树干的颜色，然后用提白笔提出乔灌木的树冠和树枝的高光，塑造光感。

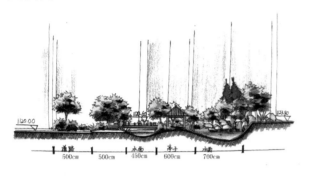

立面标高1:100

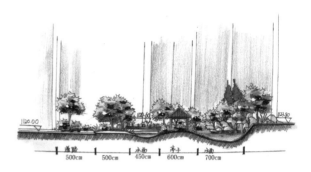

立面标高1:100

（9）用蓝色彩铅画出天空的色调，使得画面完整统一，然后用提白笔提出高光，使得画面光影效果强烈。

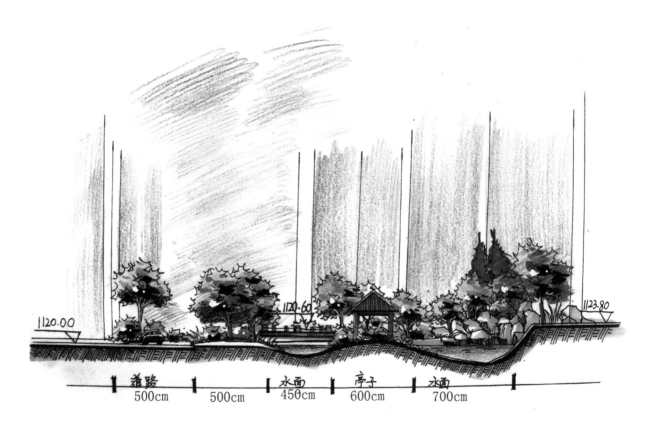

立面标高1:100

● 剖面图绘制

（1）确定比例尺和地面的起伏线，画出地面的图例符号及基本的尺寸标注。

（2）绘制出木廊架和石头的外轮廓线，然后加深剖切面。

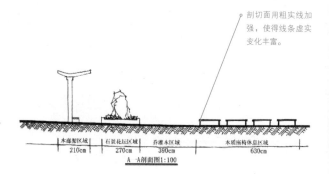

剖切面用粗实线加强，使得线条虚实变化丰富。

（3）绘制出木廊架和石头的背光阴影。

（4）绘制出乔灌木的轮廓和明关系。

通过阴影的刻画可以加强画面的明暗光影效果，跟上画面节奏，使得画面统一。

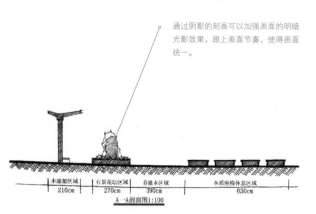

树冠抖线的运用一定要有虚实，有些地方可以有意识地断开点，这样会使得画面放松。

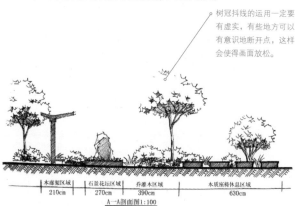

（5）绘制出建筑的轮廓线，使得画面充实，然后调整画面的整体明暗关系、虚实关系以及植物的分布关系。

（6）用黄色彩铅画出乔灌木的整体亮色调，然后用暖灰色彩铅画出建筑的色调，接着用蓝色彩铅画出玻璃的色调，最后用TouchCG2画出石头的背光。

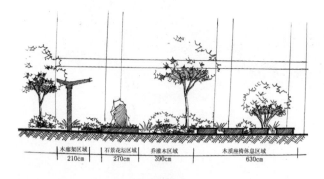

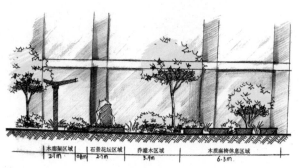

（7）用Touch46画出乔灌木的固有色，然后用Touch9画出石头旁的花卉，接着用Touch62画出窗户的暗部色调，再用TouchCG2加深石头的背光，最后用TouchCG4画出树干的背光。

（8）用Touch120画出乔灌木的暗部色调，然后用Touch50画出乔灌木的过渡色，接着用Touch62画出窗户的暗部色调。

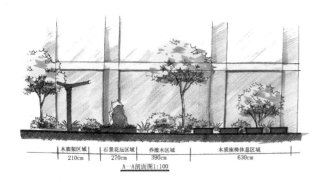

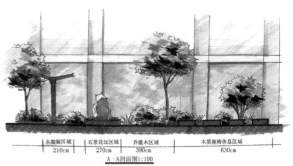

（9）用提白笔提出乔灌木和玻璃的高光，塑造光感使得画面和谐自然。

彩铅的线条方向尽量统一。

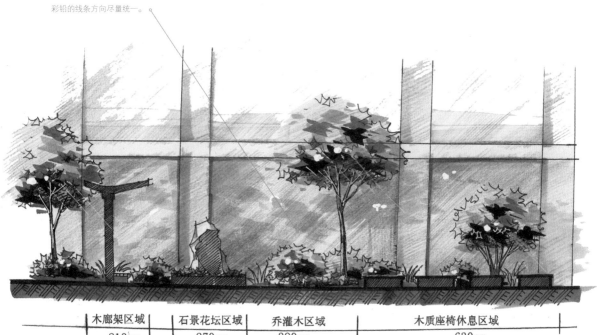

木廊架区域	石景花坛区域	乔灌木区域	木质座椅休息区域
210cm	270cm	390cm	630cm

A—A剖面图1:100

• TIPS •

剖立面的绘制一定要把比例尺和基本尺寸标注清楚。

8.3 景观设计鸟瞰图绘制

8.3.1 鸟瞰图的分类和绘制要点

鸟瞰图一般可以分为顶视、平视和俯视3大类。顶视和平视鸟瞰图在园林景观设计中运用得较多，而俯视鸟瞰图一般运用得较少，特别是三点透视的鸟瞰图，因其做法烦琐，所以运用得很少。

鸟瞰图的绘制需要注意以下3点。

第1点：确定好基本的透视角度（透视线）。

第2点：绘制出参照物（如建筑和某棵乔灌木等）。

第3点：根据参照物绘制出配景。

8.3.2 鸟瞰图的绘制步骤解析

（1）用硬直线画出房顶的透视线，确定大的透视关系。

（2）根据房顶向下画出窗框的透视线，然后加深局部的阴影。

此时需要留意，为了使绘画的步骤简单，只需要画出视线所能看见的建筑轮廓线就可以。

（3）根据窗框画出周围环境的阴影在玻璃上的形状。

阴影面积大的位置需要注意留白，留白的地方常常是叶片与叶片之间的空隙。

玻璃上的阴影用长短不一的竖线来表示，突出玻璃幕墙的质感。

（4）根据建筑绘制出基本的交通枢纽、人行道旁草地和前水景的绿篱，然后局部加深前水景的暗部。

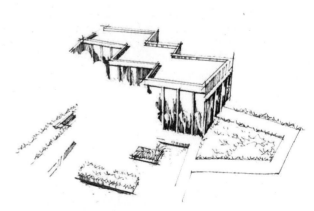

（5）用曲线绘制出建筑物旁的乔
灌木外轮廓。

注意区分乔冠木的明暗关系，使得画面有
层次。

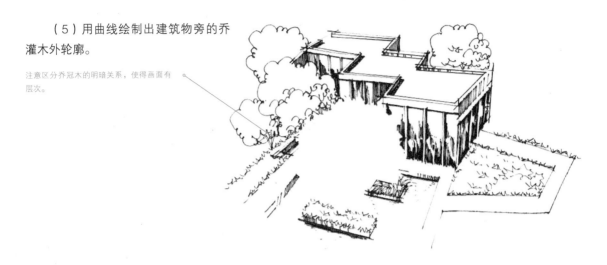

（6）用曲线继续绘制出建筑物右
边的乔灌木外轮廓。

（7）用曲线绘制出前水景的乔木外轮廓，然后画出乔木的明暗关系，使得画面层次丰富，节奏统一，接着调整
画面，使得画面自然和谐。

近景树注重体块明暗关系，远
景树体现轮廓。

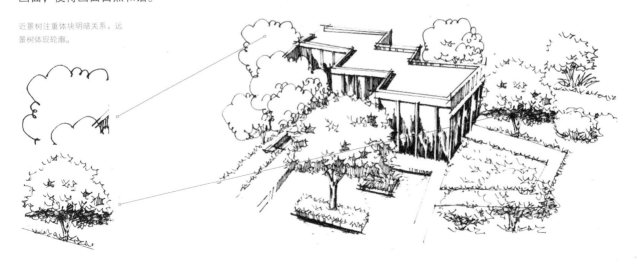

（8）用黄色彩铅画出乔灌木的亮
色调，然后用Touch9画出前水景花卉
和周围草地花卉的第一遍颜色，接着
用Touch185画出玻璃的亮部色调。

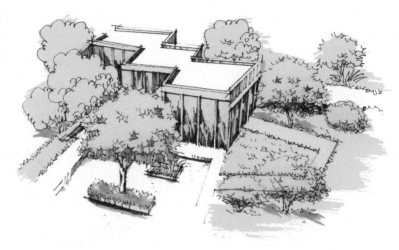

（9）用Touch46画出乔灌木的固
有色，然后用TouchCG2画出前水景
的地面水泥铺装。

扫笔在灌木球暗部阴影的运用，运用扫笔能表现出暗部的
明暗过渡关系。阴影由灌木球的根部向外逐渐变淡。

（10）用Touch58画出乔灌木
的暗部色调，然后用TouchCG4画出
前水景的地面水泥铺装和影子，再用
Touch185画出前水景的亮部色调，接
着用touch76和Touch62画出玻璃的暗部
色调，并用Touch46画出右边草地的颜
色，最后用Touch12画出花卉的暗部。

平移带线的笔触在水池岸上的运用，通过平移带线拉开
前后明暗虚实关系。

（11）用蓝色彩铅画出水面的色调，局部环境色用绿色彩铅绘制，然后用黄色彩铅过渡右边的草地，接着用TouchWG5画出乔灌木树干的色调，最后用Touch46画出远景的乔灌木轮廓。

水中倒影环境色使用彩铅来强化。彩铅容易把控且能达到事半功倍的效果。

（12）用蓝色彩铅画出水面的色调，局部环境色用绿色彩铅绘制，然后用TouchWG5画出乔灌木树干的色调，接着用提白笔提出高光，塑造光感，再用暖灰色彩铅画出房顶的色调，最后用彩铅过渡灰色调，调整画面。

用彩铅表现出远景的乔灌木也是一种很好的选择。能表现出远景若有若无的效果，突出近实远虚的关系。

◖ TIPS ◗

　　树冠在玻璃上的影子有两种绘制方法：一种是在画线稿时留白；另一种是在上色时提出高光。

8.4 景观设计分析图绘制

景观分析图包括：交通分析图、功能分区图、景观节点分析图、植物分析图、灯具分析图、小品布置分析图以及示意图片等。这些图是设计方案前期的一个构想，通过方案的细化逐步成形。

8.4.1 功能分区图

功能分析：如老年人活动中心、休闲健身区、中心集散广场、水景区、防护隔离带和商业休闲区等。

注意要点：这些分区在方案之前就要考虑好，事先做好景观设计所包含的功能区，再根据具体情况来分布，然后用笔勾出大体的功能分区图的框架。

绘制方法：绘制功能分区图一般使用色块来表示，也可以在此基础上加以变化，主要是通过颜色来区不同的功能。

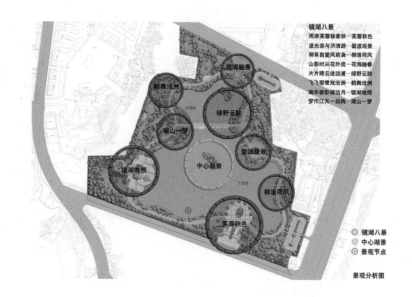

景观分析图

8.4.2 交通分析图

交通分析：主要考虑人行入口、车行入口、主要的车行道路及人行道路、消防车道和地下车库入口等。

注意要点：一般人行入口、车行入口、地下车库及车行道路在前期规划中已经确定好。步行道有时候会随着景观规划的步行系统进行修改，所以步行道是根据我们的景观设计来确定的。一般的景观设计的游园步道分布在景点的附近。一般景点的道路都属于游步道。

绘制方法：入口一般是用箭头表示，道路用虚线段表示，各级道路常用不同颜色和粗细来区分。

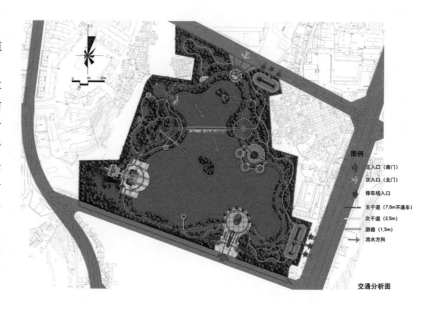

交通分析图

8.4.3 景观节点分析图

景观节点：主要包括主要与次要景观节点、景观渗透以及景观视线等。

注意要点：在前期设计阶段要考虑好景观节点的分布，特别是主要景观节点，要进行统一考虑。

绘制方法：各个景观节点一般用色块表示，景观视线一般用箭头表示。这个可以根据具体的图来进行变动，并不是绝对的。

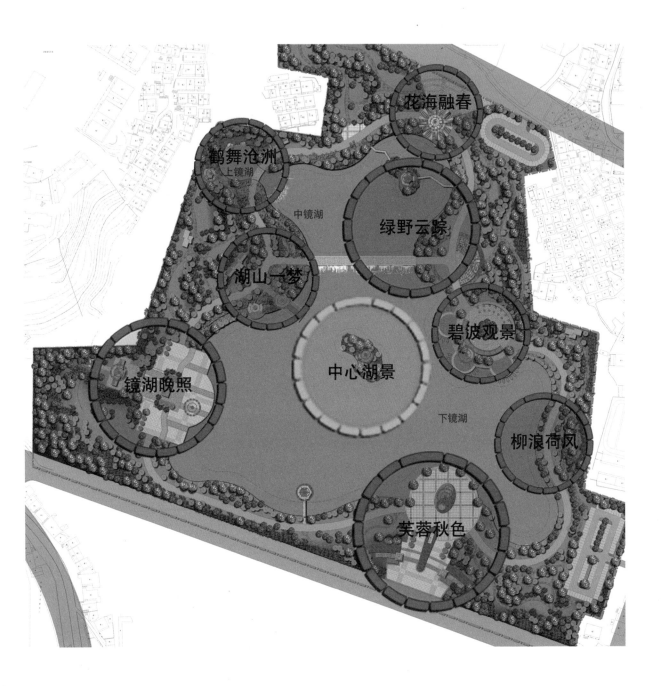

景观节点分析　　　　　　　　　　　　　　　景观节点

8.4.4 植物分析图

植物分析：主要分清植物的配置，列出植物配置表。布置好乔灌木、地被植物及草地的分配关系。

注意要点：植物常见的配置方式有三株配置、五株配置、阵列、丛植和孤植等，讲究疏密适当。

绘制方法：一般是用不同的色块来表示，根据树冠的形体来塑造，一般大场景应附带植物配置表。

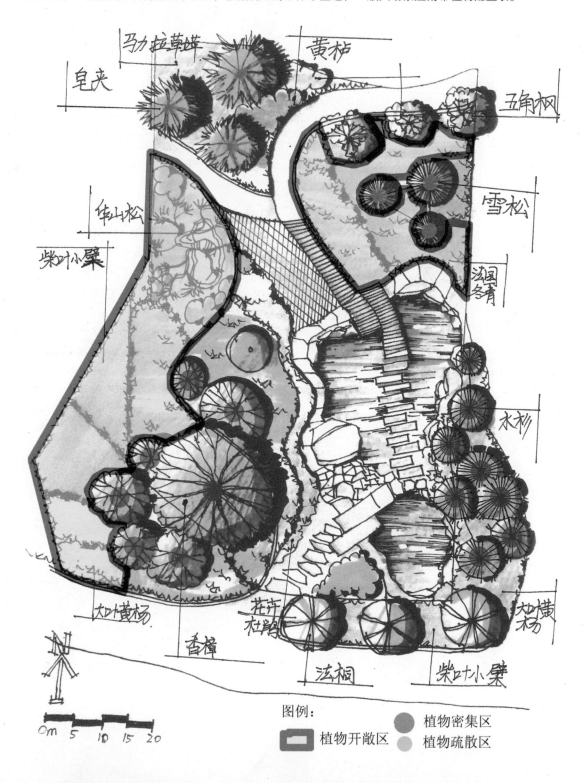